RAL · NEU 研究报告 No. 0018

热轧双相钢先进生产工艺研究与开发

轧制技术及连轧自动化国家重点实验室

（东北大学）

北 京

冶 金 工 业 出 版 社

2015

内 容 简 介

热轧双相钢以其优异的综合性能使其能够广泛地应用于汽车、石油、船舶和建筑等领域。本研究依托东北大学 RAL 国家重点实验室与多个钢铁厂开发减量化热轧双相钢课题为背景，通过实验室热模拟实验、热轧实验分析以及现场试制研究双相钢的组织转变过程及其影响因素，并在实验研究的基础上开发出低成本、高性能热轧双相钢生产工艺，在现场试制成功 550 ~ 700MPa 的热轧双相钢，并在国内多家钢厂完成双相钢的试制及批量生产。

图书在版编目(CIP)数据

热轧双相钢先进生产工艺研究与开发/轧制技术及连轧自动化国家重点实验室(东北大学)著. —北京：冶金工业出版社，2015.10

(RAL · NEU 研究报告)

ISBN 978-7-5024-7061-6

Ⅰ.①热… Ⅱ.①轧… Ⅲ.①不锈钢—热轧—生产工艺—研究 Ⅳ.①TG142.71

中国版本图书馆 CIP 数据核字(2015) 第 242723 号

出 版 人　谭学余
地　　址　北京市东城区嵩祝院北巷 39 号　邮编　100009　电话　(010)64027926
网　　址　www.cnmip.com.cn　电子信箱　yjcbs@cnmip.com.cn
策　　划　任静波　责任编辑　李培禄　卢　敏　美术编辑　彭子赫
版式设计　孙跃红　责任校对　卿文春　责任印制　牛晓波

ISBN 978-7-5024-7061-6

冶金工业出版社出版发行；各地新华书店经销；三河市双峰印刷装订有限公司印刷
2015 年 10 月第 1 版，2015 年 10 月第 1 次印刷
169mm × 239mm；7 印张；111 千字；102 页

43.00 元

冶金工业出版社　投稿电话　(010)64027932　投稿信箱　tougao@cnmip.com.cn
冶金工业出版社营销中心　电话　(010)64044283　传真　(010)64027893
冶金书店　地址　北京市东四西大街 46 号(100010)　电话　(010)65289081(兼传真)
冶金工业出版社天猫旗舰店　yjgycbs.tmall.com

(本书如有印装质量问题，本社营销中心负责退换)

研究项目概述

1. 研究项目背景与立题依据

双相钢（简称 DP 钢）具有优良的力学性能和成型性能，成为理想的汽车用钢板。在已经开发的先进高强度钢板（AHSS）系列化产品中，高强度双相钢板是汽车中应用面最宽的品种之一。为了达到节能减排的目的我国也非常注重汽车轻量化的研究，已有不少钢厂在开发 DP 钢，并不断应用在汽车生产中。

双相钢主要用于对成型性能有较高要求的结构件（DP600、DP800、DP980），如纵梁、横梁和加强件等汽车零件。随着技术的进步，也逐渐开始被用于汽车外露件，如内外板（DP450、DP500）等，比标准钢种的抗凹陷能力高20%，具有 15% 的减重潜力。国外主要采用热轧 DP 钢来制作轿车车轮和大梁。国内各大钢厂对 DP 钢的需求日益增加。为了达到节能减排、降低成本、增加效益的目的，我国各大钢厂都积极开展了对热轧 DP 钢生产工艺的研究与开发。

目前国内多家钢厂增设了前置式超快冷设备，其细晶强化效果非常明显，对开发新品种钢是一个非常有利的硬件条件。为适应当前降低生产成本的迫切要求，结合现场超快冷设备，本课题主要研究 C-Mn-Nb-Ti 系和 C-Mn-Cr 系低成本高性能热轧双相钢生产开发工艺，通过实验室研究，掌握不同化学成分的相变动力学曲线、不同元素对组织性能的影响规律；在热轧实验基础上，探索终轧温度、出超快冷温度和卷取温度对热轧双相钢的影响规律，因地制宜开发出适宜现场工况的生产工艺。并充分考虑现场 CSP 生产线生产过程中速度恒定，控制稳定，具备生产薄规格产品的能力，开发出 Cr 系双相钢。

2. 研究进展与成果

（1）实验室热模拟研究：借助热模拟实验，获得相变动力学曲线。相变动力学曲线可以很好地反映出新相形成过程与新相形成速度，结合相变动力学曲线与热膨胀曲线，可以得到准确的临界温度。同时根据加工硬化指数 n 的变化，可以将先共析转变过程很好地描述出来。在新相形成过程中，尤其是先共析转变过程，优先析出的是棱边铁素体。

（2）奥氏体连续冷却相变实验研究：分析了不同温度、不同变形条件下工艺参数对相变过程的影响。奥氏体化温度越低，相变前的奥氏体晶粒尺寸越细小。减小相变前奥氏体晶粒尺寸，能够同时促进棱边铁素体析出量和析出速度，冷却速度增大，相变总时间显著缩短，同时冷却速度增加，铁素体体积分数中棱边形核占比高，且析出快。奥氏体化温度越低，铁素体相变温度提高，铁素体更易析出，同时在未完全奥氏体化的情况下，后续相变过程中的铁素体始终大量存在。完全奥氏体过程到奥氏体化程度较低的过程变化中，贝氏体的相变区域是增加，然而区间扩大而体积分数是降低的，发生贝氏体转变的温度也是逐步降低，这说明碳含量的影响更为主要，而相变驱动力的影响相对来说要更为弱化。随着奥氏体化温度降低，珠光体相变与马氏体相变区间均得到扩大。

（3）元素 Si 和 Cr 对相变过程及对产品组织性能的影响：合金元素 Si 的添加在低的冷却速度下对铁素体相变温度提高近 30℃，提高效果明显。合金元素 Si 的添加有助于加快铁素体相变过程。同时合金元素 Cr 含量增加后，在 40℃/s 时，出现了马氏体组织。合金元素 Cr 的添加有助于马氏体的析出，同时起到一定的抑制贝氏体相变的作用。

（4）实验室热轧实验研究：利用实验室四辊轧机及超快冷、复合冷却设备，进行热轧实验，探索化学成分、终轧温度和出超快冷温度对热轧双相钢的影响规律，将各热轧试验工艺与相应得到的微观组织性能进行对比分析，摸索得到良好双相钢力学性能的热轧工艺和冷却工艺。

（5）工艺试制：充分发挥前置式超快冷细晶强化的作用，分别在 HSM 和 CSP 生产线上进行不同成分体系的 DP 钢试制。在 2250HSM 生产线上试制 C-Mn-Nb-Ti 系双相钢，获得性能良好的 DP700。将该产品用于制作轿车车轮，其疲劳次数为 19 万次，远远超过标准要求。在 CSP 生产线上试制 C-Mn-Cr 系双相钢，获得性能稳定的 600MPa 级双相钢，其屈强比低于 0.70。采用这种成分体系的双相钢相比其他品种钢至少节省成本 150 元/吨，且性能优良。目前汽车市场对 DP 钢需求旺盛，“以热代冷”的薄规格热轧 DP 钢更具市场竞争力，前景看好。

3. 论文

（1） Cai Xiaohui，Liu Chengbao，Liu Zhenyu. Process design and prediction of mechanical properties of dual phase steels with prepositional ultra fast cooling[J]. Materials and Design，53(2014):99～1004.

（2） Liu Xuhui，Cai Xiaohui，Zhou Xiaoguang，Yi Hailong，Liu Zhenyu. Production process of DP steel on CSP- and HSM-line with early UFC. the 2nd international conference：Super-High Strength Steel，17-20 Oct. 2010，Peschiera del Garda，Italy.

（3） Cai Xiaohui，Liu Xuhui，Cheng Xiaojun，Zhang Danping，Liu Zhenyu. Production process of Hot-Rolled DP steels with prepositive UFC. Proceedings of the 10th International Conference on Steel Rolling，Organized by the Chinese Society for Metals，September 15-17，2010，Beijing，China，581～586.

（4）蔡晓辉，刘旭辉，刘振宇，张志利．前置式超快冷方式下 DP700 的生产工艺．东北大学学报（自然科学版）, Journal of Northeastern University (Natural Science)，2011 年 10 期．

4. 项目完成人员

项目完成人员	职　称	单　位
刘振宇	教授	东北大学 RAL 国家重点实验室
蔡晓辉	副教授	东北大学 RAL 国家重点实验室
林锦阳	硕士研究生	东北大学 RAL 国家重点实验室
刘旭辉	高级工程师	湖南华菱涟钢有限公司
李　会	高级工程师	湖南华菱涟钢有限公司
殷　胜	高级工程师	上海宝钢集团梅山有限公司
乔治明	高级工程师	唐山钢铁股份有限公司
张玉文	工程师	唐山钢铁股份有限公司

5. 报告执笔人

蔡晓辉

6. 致谢

本研究工作是在王国栋院士、刘振宇教授的指导下完成的，感谢老师对这项工作所给予的指导、支持和帮助！感谢东北大学轧制技术及连轧自动化国家重点实验室（RAL）这个平台所提供的良好的学术环境和精良的研究设备！

感谢涟钢、梅钢、唐钢、柳钢、通钢等多家钢厂在生产调试过程中给予的支持和配合！

感谢 RAL 实验室各位师傅的辛勤工作和大力配合！感谢研究生林锦阳、本科生侯果等人辛苦细致的实验工作！

感谢 RAL 全体老师和全体后勤人员对项目执行过程中所给予的热情帮助和支持！

祝 RAL 的明天更美好！

目　录

摘　要

热轧双相钢以其优异的综合性能使其能够广泛地应用于汽车、石油、船舶和建筑等领域。近些年，“以热代冷”产品尤其高强度汽车用钢不仅可以大量节省工艺、降低能源消耗，还可以使汽车重量减轻，使其兼顾了安全性与节能性的目标。热轧双相钢是一类应用范围广泛、极具有市场竞争优势的钢铁材料，将对我国汽车制造业的快速发展发挥越来越重要的作用。

本研究报告依托东北大学 RAL 国家重点实验室与多个钢铁厂开发减量化热轧双相钢课题为研究背景，通过实验室热模拟实验、热轧实验分析，以及现场试制研究双相钢的组织转变过程及其影响因素，并在实验室研究的基础上开发低成本、高性能热轧双相钢生产工艺，在现场试制成功的基础上进行大批量生产及工业推广。主要包括：

(1) 运用热模拟实验，通过优化处理可以得到相对应的相变动力学曲线。相变动力学曲线可以很好地反映出新相形成过程与新相形成速度。结合相变动力学曲线与热膨胀曲线，可以得到准确的临界温度。同时根据加工硬化指数 n 的变化，可以将先共析转变过程很好地描述出来，在新相形成过程中，尤其是先共析转变过程，优先析出的是棱边铁素体。

(2) 进行了奥氏体连续冷却相变实验研究，分析了不同温度、不同变形条件下工艺参数对相变过程的影响。奥氏体化温度越低，相变前的奥氏体晶粒尺寸越细小。减小相变前奥氏体晶粒尺寸，能够同时促进棱边铁素体析出量和析出速度，冷却速度增大，相变总时间显著缩短，同时冷却速度增加，铁素体体积分数中棱边形核占比高，且析出快。奥氏体化温度越低，铁素体相变温度提高，铁素体更易析出，同时在未完全奥氏体化的情况下，后续相变过程中的铁素体始终大量存在。完全奥氏体过程到奥氏体化程度较低的过程变化中，贝氏体的相变区域增加，然而区间扩大而体积分数是降低的，发生贝氏体转变的温度也是逐步降低，这说明碳含量的影响更为主要，而相变驱动力的影响相对来说要更为弱化。随着奥氏体化温度降低，珠光体相变与马氏体相变区间均得到扩大。

(3) 研究了元素Si和Cr对相变过程及对产品组织性能的影响。合金元素Si的添加在低的冷却速度下对铁素体相变温度提高近30℃，提高效果明显，合金元素Si的添加有助于加快铁素体相变过程。同时合金元素Cr含量增加后，在40℃/s时，出现了马氏体组织。合金元素Cr的添加有助于马氏体的析出，同时起到一定的抑制贝氏体相变的作用。

(4) 在实验室进行热轧实验，探索化学成分、终轧温度和出超快冷温度对热轧双相钢的影响规律，将各热轧试验工艺与相应得到的微观组织性能进行对比分析，摸索得到良好双相钢力学性能的热轧工艺。

(5) 探索终轧温度、出超快冷温度和卷取温度对热轧双相钢的影响规律，因地制宜开发出适宜现场工况的生产工艺，并在国内多家钢厂完成双相钢的试制及批量生产，试制成功550~700MPa的热轧双相钢。

关键词：热轧双相钢；相变行为；共析转变；生产工艺

1 绪　论

1.1 热轧汽车高强用钢的发展概述

随着工业的快速发展，汽车产量急剧增加，车速不断提高，安全问题日益为人们所关注。同时，伴随着社会的高速发展，人类面临越来越严重的资源、能源短缺问题，承受着越来越大的环境压力[1]。针对这样的问题，人们在制造业领域提出了4R原则，即减量化、再循环、再利用、再制造。因此，汽车制造也向高安全、减重节能、经济环保、长使用寿命的方向发展。

为保证人员和车辆安全，美国在1966年就制定了联邦汽车安全标准(Federal Motor Vehicle Safety Standard)，这个标准也正处于不断的修正当中。此外，美、日及西欧各国在1970年制定了安全试验车计划（Experimental Safety Vehicle)，该标准提出保证安全的一个重要措施是增强汽车结构和构件的强度。20世纪末，面对汽车轻量化的要求，国际钢铁协会组织了34家钢铁企业和知名汽车公司提出了超轻钢车体计划先进车概念（ULSAB-AVC)；同时，针对世界能源供应日益紧张的形势，美国政府于1993年推出了新一代汽车伙伴计划（PNGV）项目。这两个项目均对汽车制造提出了更高的标准，项目中提出一些典型轿车车身的减重目标为20%，这旨在进一步减少汽车能耗。要想达到项目的目标，车身用材必须发生重大变化。项目提出车身中高强度钢的用量从原来的5%提高到98%[2,3]。当今汽车用钢的发展趋势如图1-1所示。

汽车减重是节能环保的重要保证，车体重量每减轻24%就将减少排放670464t二氧化碳，还可以节省279400000L原油。在欧洲，大气污染有25%来源于交通运输，降低燃油的消耗和二氧化碳的排放的措施之一是减轻车辆的重量。钢铁的材料可以有效地减轻车量的重量，采用AHSS，可使汽车生产厂家有效实现减重，且不需要增加成本，而且可以有效保护环境[4]。我国面

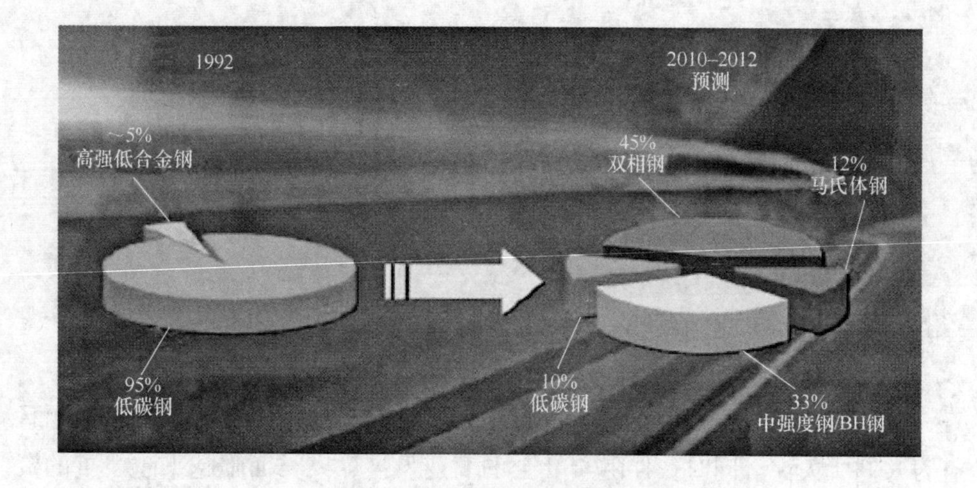

图 1-1　汽车用钢的发展趋势

临的交通减排形势严峻，更应该加强 AHSS 的应用。

双相钢（DP 钢）具有优良的力学性能和成型性能，成为理想的汽车用钢板。在已经开发的先进高强度钢板（AHSS）系列化产品中，高强度双相钢板是汽车中应用面最宽的品种之一。在国际钢铁协会超轻钢车体计划先进车概念（ULSAB2AVC）和美国新一代汽车伙伴计划（PNGV）项目中，DP 钢的单车用量为 162.25kg，约占整车用先进高强度钢板总质量的 74.3%[5,6]。北美也计划到 2010 年使双相钢用量占到汽车用钢总量的 45%[7]。与此同时，为了达到节能减排的目的我国也非常注重汽车轻量化的研究，已有不少钢厂在开发 DP 钢，并不断应用在汽车生产中。

近几年，低碳钢在车辆用钢中逐渐减少（如图 1-1 所示），而双相钢（DP）已经增加到 45%。随着双相钢的增加，车辆在逐渐减轻，这大大缓解了环境的压力。

1.2　双相钢概述

1.2.1　双相钢的发展及应用

双相钢的产生、发展和应用起始于 20 世纪 60 年代末和 70 年代初。20 世纪 70 年代美国对安全法规提出更严格的要求，并且由于 20 世纪 70 年代初的石油危机而使得汽车能耗问题尖锐化。1985 年美国的能耗法规就规定小汽车油耗为 11.7km/L，同时规定了 CO_2 和 NO_x 的排放量；这些法规的规定，使得美国轿车工业加速了轻量化的进程，而汽车轻量化（尤其是白车身轻量化）的重要而有效的手段之一是采用高强度钢。为适应汽车工业发展的这一需要，双相钢应运而生，并得到大量研究和发展；从 20 世纪 70 年代初双相钢产生后，至 20 世纪末，尤其是 20 世纪 80 年代，对双相钢的合金设计、组织性能关系等诸多物理和力学冶金问题曾进行了大量研究。真正批量生产和在汽车上大量应用还是起因于 1999 年全世界 32 家钢公司和著名汽车公司联合开展的 ULSAB-AVC（Ultra Light Steel Auto Body-Advanced Vehicle Concept）项目，在白车身上的双相钢用量达到 75% ~80%，双相钢的研究开发意义才真正被人们时刻认识，并展现了在汽车轻量化中的重要作用和应用前景。北美以美国和加拿大为代表，对双相钢进行了深入研究和大量生产。早期的美国受到连续退火设备的限制，所以在钢中加入 V、Mo 合金元素提高淬透性，经双相区加热后，空冷到室温形成热处理双相钢。最具代表性的有含 Mo 双相钢和含 V 双相钢。热轧双相钢则是以美国 Climax 公司开发的 C-Si-Mn-Cr-Mo 系中温卷取双相钢 ARDP 为代表[8,9]。通用汽车公司和福特汽车公司用双相钢制造轮辐，除质量减轻 11% 外，疲劳寿命也达到普碳钢的两倍。同时，麻省理工学院、加利福尼亚大学、匹兹堡大学、科罗拉多矿业研究院也参与了双相钢的研究工作[10]。

日本在双相钢上的研究和应用一直处于世界领先地位。由于日本有先进的连续退火生产线，多以热处理双相钢生产为主，采用 C-Mn 或 C-Si-Mn 系，其成本非常具有优势。日本的热轧双相钢以低温卷取为主，大大减少了 Cr、Mo、V 等合金元素的加入量，用其制造的车轮成型性好：构件的疲劳寿命也大幅提高。代表有川崎制铁研发的 HHLY，日本钢管开发的 NKHA，新日铁的 SAFH、EGSAFH，以及住友金属的 SHXD 热轧双相钢[11]。

西欧双相钢生产与北美类似，主要以热轧双相钢为主。代表有意大利特柯赛德钢公司的 Mn-Si-Cr-Mo 系、Mn-V 系；法国尤西诺钢公司的 Usilight80 等[12]。

我国从 1978 年起对双相钢的变形特性、轧制变形模式、强化原理及断裂特性进行了研究，“七五”期间也将双相钢的开发与应用研究列入了国家科委重点攻关项目。鞍钢承担并完成了640MPa级直接热轧双相钢的开发与应用研究项目，本钢完成了590MPa热轧双相钢的研制，武钢完成了540MPa级热轧双相钢的研制[13]。

鞍钢研制的SX65是当时国内强度级别最高的冲压用钢[14]，力学性能达到20世纪80年代国际先进水平。该钢种在鞍钢半连轧热轧机组生产线上生产，采用了中温卷取。鞍钢还用罩式退火炉试制了中540MPa级冷轧双相钢SX55，其$\sigma_{0.2}$≤380MPa、R_m≥540MPa、A≥26%。

宝钢在1992年采用2050热连轧机试轧了一炉双相钢，用于北京吉普车车轮的生产。10多年来，宝钢双相钢开发取得了实质性突破，成功开发了DP500、DP590等。2004年宝钢又在全国率先开发出600MPa级热镀锌双相钢（包括纯锌和合金化产品），已为菲亚特轿车供货[7]。但双相钢性能的稳定性还有待进一步提高。

武钢开发的RS50和RS55两个490MPa和540MPa级钢种，在第一汽车集团公司CA141汽车上使用，用于制作纵梁、横梁和轮辐，其冲压性能良好。该公司还开发了S070Mn冷轧双相钢，用于北京吉普车作冲压件原材料，试验结果比较理想。上海大学与上钢三厂合作也在中板轧机上开发试制了Si-Mn系、Si-Mn-Cr系热轧双相钢中板[15]。

热轧线上控冷精度的提高以及卷取温度的合理控制，使热轧双相钢的生产也变得容易，使双相钢可以得到更广泛的应用。

双相钢主要用于对成型性能有较高要求的结构件（DP600、DP800、DP980），如纵梁、横梁和加强件等汽车零件。随着技术的进步，也逐渐开始被用于汽车外露件，如内外板（DP450、DP500）等，比标准钢种的抗凹陷能力高20%，具有15%的减重潜力。

1.2.2 双相钢组织特征

双相钢（DP钢—Dual Phase Steel）是指由低碳钢或低碳合金钢经过临界区热处理或控制轧制工艺而得到的，主要由铁素体（F）和少量马氏体（M）组成的先进高强度钢。因此，双相钢的典型组织特征是：由铁素体和马氏体两种组织构成，见图1-2。较软的铁素体为基体，占多数（一般多于80%）；较硬的马氏体相弥散均匀分布于铁素体晶粒界或晶内，多呈岛状。

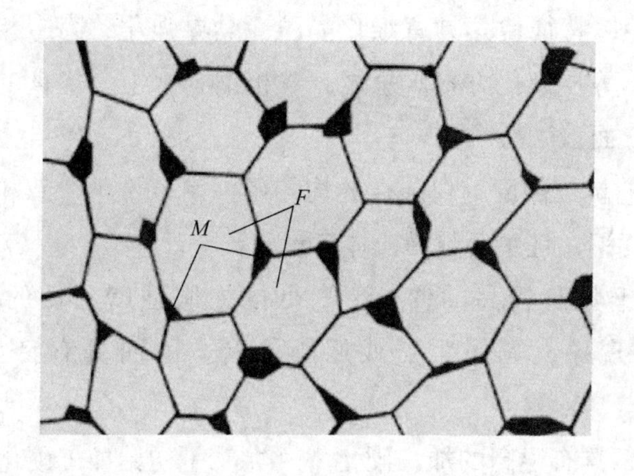

图 1-2 双相钢典型组织

大量研究结果表明，铁素体加马氏体双相钢的显微组织随其化学成分和生产工艺的不同而不同。目前双相钢组织有无序组织和定向排列纤维组织两大类型，且双相钢中无序组织的双相钢占多数。据报道，无序组织又可分为三种：

（1）弥散分布组织——塑性良好的铁素体基体中弥散分布着高强度岛状马氏体。

（2）纤维状双相混合型组织——由平行针状马氏体与铁素体相交错而成的纤维状。

（3）高密度位错亚晶结构型组织——网状或群落状马氏体位于铁素体晶界上且马氏体是具有高密度位错的亚晶结构[16,17]。

1.2.3 双相钢性能特征

双相钢金相组织中含有大量的铁素体，使它具有相当高的伸长率，良好的塑性。此外，钢中硬质的马氏体相和软质的铁素体相之间相互作用，在进行压力加工时引起相当高的加工硬化，致使它具有高的抗拉强度。DP 钢在拉伸时无连续屈服现象、无屈服点或屈服平台，具有良好的延展性和成型性，能避免深度拉伸和深冲压加工时可能出现的局部颈缩及断裂现象[11,18]。因此，它可用于对加工性能有严格要求的薄板冲压件和结构件等。

双相钢的组织特征使其具有细化晶粒、晶界强化、第二相弥散强化、亚晶结构及残留体等强韧化方式。总之，双相钢具有十分优良的性能，主要表现在以下几个方面[19~21]：

（1）较高的抗拉强度，在同样的均匀延伸率条件下，双相钢的抗拉强度高于低合金强度钢，且主要与马氏体含量有关。

（2）双相钢具有较高的伸长率，低的屈服强度和低的屈强比。屈服时无连续屈服现象，无屈服点或屈服平台，因而具有良好的成型加工性能。

（3）双相钢具有很高的加工硬化率（尤其是初始加工硬化速率），n 值通常都大于 0.18 ~ 0.20，个别高达 0.26，而且双相钢还具有良好烘烤硬化性能。

（4）双相钢还具有良好的抗疲劳性能、抗应力腐蚀性能和焊接性能。

（5）双相钢板材具有板面纵向与横向力学性能差异小的特点，即小的各向异性。

1.2.4 热轧双相钢形成机理

热轧双相钢的实现受化学成分、奥氏体化温度、初始晶粒尺寸等诸多因素的影响。一般说来，双相钢的生产工艺应满足以下条件：

（1）形成足够分数的铁素体；

（2）抑制珠光体的产生；

（3）抑制贝氏体的产生；

（4）剩余奥氏体完全转变为马氏体。

目前，热轧双相钢的主要生产方法是分段冷却控制方法，即：轧后迅速冷却至 γ/α 相变区域，进行一定时间的空冷，以获得理想的铁素体分数。然后尽可能快地淬火至 M_s 点以下位置，见图 1-3。

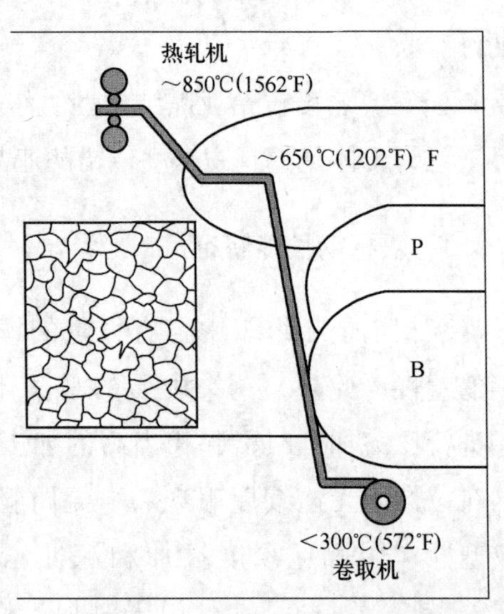

图 1-3 热轧双相钢生产工艺示意图

1.3 双相钢的生产工艺

目前，各国双相钢钢板的生产工艺大体分为两类：热处理双相钢和热轧双相钢。

1.3.1 热处理双相钢

所谓热处理双相钢是指将热轧板或冷轧板重新加热到临界区，保温一段时间后以一定速率冷却，得到双相组织。热轧或冷轧带材为原料的初始组织主要为铁素体 + 珠光体，热处理后为铁素体 + 马氏体。目前有两种热处理方法，即 ADP(Austenite Dual Phase) 法和 IDP(Intercritical Dual Phase) 法[22]。ADP 法是将钢带加热到完全奥氏体化，再缓慢冷却析出大部分铁素体，然后采用快速冷却使残余奥氏体转变成马氏体形成双相钢。IDP 法是将钢带加热到 A + F 两相区，然后控制冷却速度使奥氏体相变为马氏体或其他低温转变产物。

热处理法可以通过改变加热温度、保温时间等工艺参数，较好地控制双相组织的相对体积分数、马氏体的形态、大小、分布及形貌等，从而得到满足所需性能的双相钢，但热处理法需要附加设备和工艺，投资较大，其处理对象通常是热轧或冷轧钢卷。

1.3.2 热轧双相钢

所谓热轧双相钢则是将钢锭、板坯或连铸坯经高温粗轧后在临界区温度精轧，然后急冷到马氏体转变点以下或高于马氏体转变的温度进行盘卷，从而得到所要求的双相钢组织及性能。

直接热轧法的思想是在普通钢板中调整化学成分配合控制轧制与控制冷却工艺，直接热轧成双相钢。热轧双相钢的生产工艺主要分为两大类：一是加入 Cr、Mo 等元素使合金化，从而提高奥氏体在常规卷取温度范围内的稳定性、提高马氏体转变点，降低临界转变速度，连续冷却后再进行中温（马氏体点以上）卷取；二是终轧后采用超快冷方式，在冷却过程中完成大部分的 A→F 相变（约 80%），而在此后的快冷阶段迅速将钢带冷却至 M_s 点以下，进行低温（300℃以下）卷取，以获得 F + M 组织。这是生产中高强度双相钢钢板的一大发展方向，也是开发先进高强钢中极具潜力的领域。

1.4 超快冷在双相钢生产中的应用

随着新产品的不断开发和轧制技术的不断发展，要求在轧制过程中实现短时、快速、准确控温，而常规的层流冷却、气雾式冷却等技术，由于冷却速度不高而难以满足这个要求，因此促使人们开发出一种新型的冷却系统——超快冷却（UFC，Ultra Fast Cooling）系统。普通的层流冷却最大冷却速度一般不会超过100℃/s，而“超快冷”的平均冷却速度至少应大于150℃/s。超快冷却系统具有以下特点：

（1）冷却速度足够大，有超常规冷却能力；

（2）冷却水与钢板的热交换更加充分有效；

（3）冷却水喷洒形式能满足快速热交换要求；

（4）有新型的冷却设备。

2006年，东大RAL与包钢CSP厂合作，采用专利技术“一种用于热轧带钢生产线的冷却装置”，即“超快冷”装置，设计国内第一套用于热轧带钢生产线的“超快冷”系统，“超快冷”系统的主要参数为：外形尺寸（长×宽×高）7500mm×1600mm×550mm，冷却介质为浊环水，工作流量1200m^3/h，冷却范围1000～100℃，厚度4mm时最大冷却能力达350℃/s。该“超快冷”系统工作流量仅为1200m^3/h，表明其冷却效率很高。

双相钢主要由铁素体和马氏体两相组成，铁素体由奥氏体经先共析转变形成，同时在铁素体晶粒间形成剩余奥氏体，如果冷却速度足够快（超过马氏体相变临界冷速），冷却温度足够低（至少低于M_s点），剩余奥氏体就可能直接转变为马氏体，最终组织由铁素体和马氏体双相组成[23]。

对于C-Mn系热轧双相带钢，必须保证卷取前获得马氏体，即保证卷取温度低于M_s点。常规流程的热轧带钢生产线，连轧末机架抛钢速度较高，以层流冷却设备的冷却能力，很难保证在卷取前将带钢温度降至M_s点以下。所以，常规流程生产的热轧双相钢，通常都含有能够稳定奥氏体的合金元素，如Cr和Mo等，或者大幅度提高钢中阻止碳化物形成的元素的含量，如Si和P等，在卷取后的缓慢降温过程中，稳定的剩余奥氏体能够转变为马氏体。热轧短流程，如CSP等，末机架抛钢速度相对较低，对于部分厚度规格，可以采用层流冷却将卷取温度降至 M_s 点以下，在此基础上，适当调整终轧温度和冷却速度，就可以生产出部分厚度规格的 C-Mn 系热轧双相钢。2005 年，东北大学 RAL 与包钢 CSP 厂合作，采用层流连续冷却工艺开发的厚度为 5mm 和 6mm 的 540MPa 级热轧双相钢[24]。但是，当成品厚度较小（<5mm）时，带钢精轧速度提高，虽然厚度降低有利于冷却，但因冷速增加造成的冷却时间减少，对冷却的不利影响更大，最终的卷取温度较高，不能产生马氏体；当厚度较大时（>6mm），带钢速度有所降低，冷却时间增加，有利于冷却，但此时厚度对冷却的不利影响更为突出，最终的卷取温度也较高，仍不能产生马氏体。因此，为了扩大 C-Mn 双相钢产品的厚度规格范围，必须增加冷却能力，保证带钢卷取前温度降至 M_s 点以下。

2005 年的工业试验表明，采用“一段式”层流冷却可以生产出铁素体/马氏体型 C-Mn 热轧双相钢。试验中，层流冷却的平均冷速只有约 25℃/s，这表明，钢中剩余奥氏体向马氏体转变所需的临界冷速小于 25℃/s。对于 12mm 以下带钢，层流冷却完全能够满足剩余奥氏体向马氏体转变所需临界速度。但是，受层流冷却区长度和带钢出口速度的限制，带钢的实际冷却时间有限。在有限的冷却时间内，虽然冷却速度达到临界冷速，但冷却温度却达不到 M_s 点以下。在层流冷却后面增设“超快速”冷却装置，实际上是保证了带钢在卷取前能够以超过临界冷速的冷却速度降至 M_s 点以下，使剩余奥氏体转变为马氏体。因此，虽然“超快冷”的冷却速度较快，但其冷却速度并不是形成马氏体所必需的，而是带钢在有限冷却区域内，或者说，在有限时间内降温至 M_s 点以下所必需的。

1.5 生产及应用现状

由于双相钢良好的综合力学性能满足了汽车各部件的应用条件，所以已广泛应用于汽车各部件的制造。其中，低强度级别的双相钢主要用于制作车盖板、车身内外面板、车顶面板、车门外部面板、行李箱盖板等；高强度级别的双相钢用于保险杠、纵横梁、车轮的轮辐、轮盘、轮辋及各种安全零件[25]。DP 钢的使用可以在保证这些构件强度、刚度的前提下，大幅减轻构件重量、降低汽车总重量，达到节约原料、提高汽车安全性及降低油耗的目的。

目前，日本（如：新日铁（株）、川崎制铁（株）、日本钢管（株））、北美（如：克里马克斯钼公司、福特汽车公司、底法斯科公司、詹斯拉古林钢公司、麦克劳斯钢公司、美国钢公司、通用汽车公司、克里特莱克公司）、西欧（如：意大利特柯赛德、索拉科、法国尤西诺、德国霍斯奇）处于双相钢研究和生产发展的前沿。国外生产的双相钢板有热轧双相钢板、冷轧双相钢板和镀锌双相钢板，可供货的双相钢覆盖范围为 DP440 ~ DP1180。生产的公司主要为阿赛洛、新日铁、蒂森、JFE、米塔尔、浦项等。

我国的双相钢研发和生产相对于发达国家还存在不小的差距。目前，国内生产双相钢的厂家主要有鞍钢、武钢、本钢和宝钢、涟钢、梅钢，生产企业获得双相钢的主要生产工艺是热轧法。其中，宝钢在 1992 年试轧了一炉双相钢，现已成功开发了 590MPa 级别热轧双相钢，以及 490MPa、590MPa、780MPa 级别冷轧和热镀锌双相钢；鞍钢在“七五”期间用罩式炉退火开发并研制出 540MPa 级冷轧双相钢薄板；武汉钢铁公司研制了 RS50 和 RS55 热轧双相钢和 S070Mn 冷轧双相钢；本溪钢铁集团公司与沈阳金属研究所合作研制了 C-Si-Mn-Cr 和 C-Si-Mn-Mo 合金系列强度为 590 ~ 630MPa 的热轧双相钢板；包钢与东北大学 RAL 合作，采用 CSP 短流程生产线开发了 C-Si-Mn 系列低温卷取热轧双相钢，强度级别为 490MPa、540MPa、590MPa。但是，在国内高强度级别的双相钢的生产仍未见报道，所以我国还应加快高性能双相钢（特别是 780MPa 以上级别的双相钢）的生产及应用步伐。

1.6 主要研究内容

本文依托东北大学 RAL 国家重点实验室与多个钢铁厂开发减量化热轧双相钢课题为研究背景，通过实验室热模拟实验、热轧实验分析 Cr 系双相钢 Si-Cr 成分对性能的影响规律以及奥氏体晶粒尺寸对先共析转变过程的影响规律，并结合超快冷技术开发热轧双相钢生产工艺，在现场试制成功的基础上进行大批量生产及工业推广。

2 相变动力学曲线分析与相变行为研究

本章主要通过将热模拟实验采集的热膨胀曲线转化为相变动力学曲线，并结合相变动力学曲线确定临界温度，同时研究硬化指数 n 的变化与铁素体形核位置变化的关系，以及合金元素 Si 和 Cr 对相变行为的影响规律。

2.1 热膨胀曲线与相变动力学关系

根据相变过程“体积可加原则”，可以得出：任意时刻混合相的平均线膨胀系数 K 等于此时各相体积分数乘以其线膨胀系数之和或体积分数的加权平均，即：

$$K = \sum_{i=1}^{n} k_i f_v^i$$

如果混合中各相的比容之比接近 1，则混合相的摩尔分数与体积分数近似相等。奥氏体、铁素体、珠光体、贝氏体、马氏体之间的比容都非常接近[26]，如表 2-1 所示。根据体视学原理以及体积可加性原则，这些相混合在一起时，各相的摩尔分数与体积分数近似相等[27,28]，即：

$$K = \sum_{i=1}^{n} k_i f_i$$

表 2-1　钢中基本相的比容与线膨胀系数

组织名称	w(C)/%	比容(20℃)	线膨胀系数/℃$^{-1}$
奥氏体	0~2	0.1212+0.0033C%	23.5×10^{-6}
马氏体	0~2	0.1271+0.0025C%	11.5×10^{-6}
铁素体	0~0.2	0.1271	14.5×10^{-6}
铁素体+渗碳体	0~2	0.1271+0.0005C%	13.28×10^{-6}(500℃)
贝氏体	0~2	0.1271+0.0015C%	13.46×10^{-6}(500℃)

连续冷却转变过程中，相变过程是促使体积增加的因素，降温过程是促使体积收缩的因素，两种因素共同作用的结果，一定会在膨胀曲线上有所表

现。因此，可通过连续冷却条件下的膨胀曲线，获得连续冷却条件下的相变动力学曲线。

下面以典型的双相钢1℃/s 连续冷却转变膨胀曲线为分析，研究膨胀曲线与相变动力学曲线的关系。

定义符号：

（1）奥氏体：A；

（2）新相：B；

（3）相变过程：A→B；

（4）f_A、f_B 分别表示 A、B 两相的摩尔分数，f_A^v、f_B^v 分别表示 A、B 两相的体积分数；

（5）k_A、k_B、k_{A+B}分别表示 A 相、B 相和 A + B 混合相的线膨胀系数；当 B 为混合相时，k_B 为混合相的线膨胀系数；

（6）相变开始温度为 T_0，任意时刻温度为 T，温降 Δ 为 $T - T_0$，v 为降温速率；

（7）L_T 为 T 温度时膨胀量。

基本假设（Ⅰ）：当相组成不发生变化时，k 不发生变化（至少在相变温度范围内适用）；

基本假设（Ⅱ）：单位摩尔分数的 A 转变为相同单位摩尔分数的 B（对于亚共析钢可忽略 C 原子的影响）；

基本假设（Ⅲ）：总膨胀量为“相变膨胀量”和“降温膨胀量”两部分叠加的结果；

基本假设（Ⅳ）：当 B 为混合相时，各种相变分段进行，不重叠。

刘彦春等人采用如图 2-1 所示作为出发点，然而在实验过程中，高温阶段膨胀曲线的精度要优于低温阶段，同时以相变开始点为时间零点，整个处理过程更为烦琐。所以结合整个相变过程，针对热膨胀曲线进行优化。如图 2-2 所示，C 点为相变开始点，D 点为相变结束点。正常情况下，如果不发生相变，那么热膨胀曲线应该沿着 AC 线，随着温度的降低而降低，然而由于发生相变，整个试样发生膨胀。由此，我们以记录的 C 点为开始点，L′为 0，而当相变过程结束的 D 点时，L′ = LT，结合杠杆原则，D 点的形成为新相体积分数为 100%，那么我们可以得到任意相变时刻的 L′/LT，即这个时刻表示

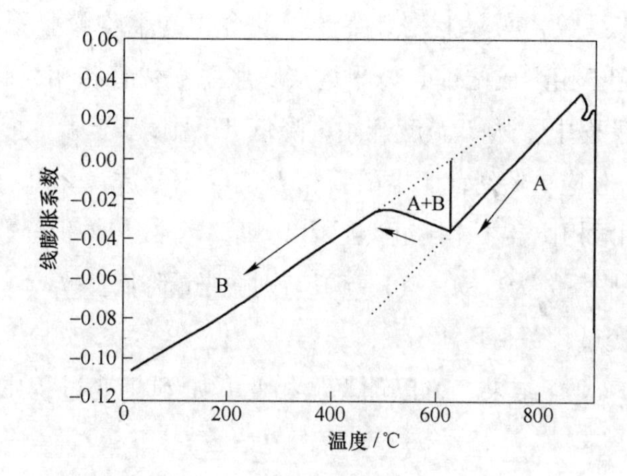

图 2-1　连续冷却转变 A—B 相变过程膨胀曲线

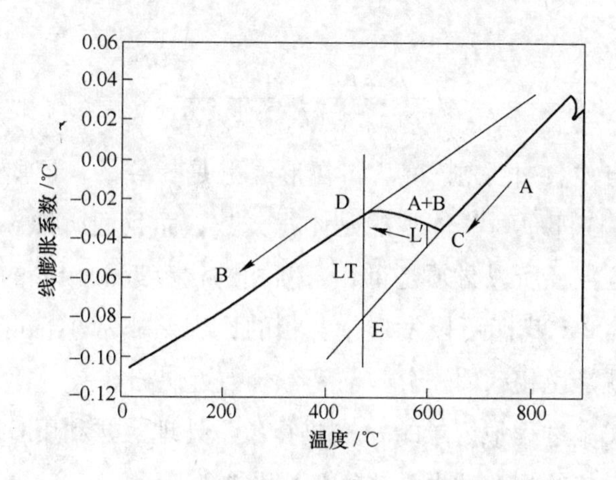

图 2-2　连续冷却转变 A—B 相变过程膨胀曲线

的是该 t 时刻的新相体积分数。

主要计算过程：

(1) 相变过程中，从 T 温度开始，降低 $\mathrm{d}T$ 温度，A→B 相变过程引起的膨胀量增加。令相变动力学曲线为 $f=f(t)$，则可以确定 $\mathrm{d}t$ 时间内产生的新相摩尔分数：$\mathrm{d}t$，根据基本假设（Ⅱ），在 T 温度时，单位摩尔分数的两相膨胀量差值为：

$$L_{\mathrm{T}} = L_{\mathrm{T0}} + (k_{\mathrm{A}} - k_{\mathrm{B}})\Delta T = L_{\mathrm{T0}} + (k_{\mathrm{A}} - k_{\mathrm{B}})vt$$

则产生摩尔分数为 $(f_{\mathrm{t}}')\mathrm{d}t$ 的新相膨胀量增加：

$$(f_{\mathrm{t}}')\mathrm{d}t[L_{\mathrm{T0}} + (k_{\mathrm{A}} - k_{\mathrm{B}})vt]$$

这里的膨胀系数，实际上是最终产物混合相的平均膨胀系数，为方便计算，在无法确定各相组成之前，以平均线膨胀系数代替各相线膨胀系数。

(2) 相变过程中，从 T 温度开始，降低 $\mathrm{d}T$ 温度引起膨胀量的降低。

T 温度时，对应 t 时刻，产生的新相 B 的摩尔分数为 f_t。

由于新、旧两相比容之比接近 1，所以，摩尔分数与体积分数近似相等，此时混合相的线膨胀系数为：$f_t k_B + (1-f_t)k_A$，则膨胀量降低：$[f_t k_B + (1-f_t)k_A]v\mathrm{d}t$。

(3) 对相变过程 A→B 积分。

由（1）和（2）结果，可以计算从相变开始到相变过程中任意时刻 t 的膨胀量 $L(t)$。

$$L(t) = f_0^t(f_t')[L_{T0} + (k_A - k_B)vt]\mathrm{d}t - [f_t k_B + (1-f_t)k_A]v\mathrm{d}t$$

由此可以得到 $f(t)$：

$$f = \frac{L(t) + k_A vt}{L_0 + (k_A - k_B)vt}$$

上述公式与“杠杆原则”[25,29,30] 在形式上是一致的，但所表示的意义却是不一样的。“杠杆原则”体现的是体积分数，而我们所推导的公式表示的是新相的摩尔分数，所以必须是母相与新相的比容近似相等的情况下公式才是适用的。由表 2-1 我们可以发现，各相的比容差非常小，可以近似的认为是相等的，也就是说相的体积分数与摩尔分数近似相等。

将热模拟实验过程中记录的 $L(t)$ 进行数学处理，并利用 Oringin 软件进行数学处理得到对应的相变动力学曲线，如图 2-3 所示。

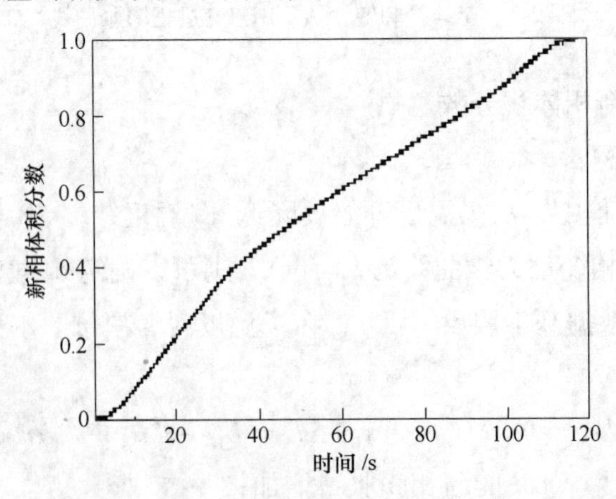

图 2-3　相变动力学曲线

从相变动力学曲线，可以看出，随着时间的增加，新相摩尔分数的变化。图 2-3 显示的是冷却速度为 1℃/s 时，当相变时间进行到 115s 的时候，新相完全形成，整个相变过程结束。经过简化处理过后发现，计算简单，处理起来方便，同时与一般处理过程得到的结果基本一样。

2.2 临界温度的确定

基于上述热膨胀曲线与相变动力学关系曲线的转变以及形核过程和长大规律的变化，主要利用相变动力学曲线分析并确定临界温度，并分析先共析转变过程中不同阶段的临界温度。

任意一个小区间内 Avrami 方程[31~33]如下：

$$f = 1 - \exp[-(t - \tau)] \tag{2-1}$$

对比一般形式：

$$f = 1 - \exp(-K) \tag{2-2}$$

对上述公式进行分段处理[34]，则每一段区间内的 n 值与上述公式取对数 $\ln\ln[1/(1-f)] + n\ln t$ 确定的 $\ln\ln[1/(1-f)] - \ln t$ 曲线上，同一区段内的斜率相对应。因此，在该曲线上，曲线斜率逐渐降低的部分就对应着某种相变的末期阶段，如果斜率重新升高，则表示这种相变结束，其他类型相变开始。

因此在连续冷却转变条件下，同一种相变的后期，上述公式指数 n 是逐渐减小到重新升高的拐点，就是某两种不同相变的临界点。所以在实验数据采集后处理的曲线上可以确定相变开始与结束的临界温度及其对应的体积分数变化规律。

2.3 硬化指数 n 的变化与铁素体形核位置变化的关系

连续冷却条件下，硬化指数 n 的变化与形核率的变化有关，而形核率的变化又与铁素体形核位置有关，所以，硬化指数 n 值的变化也与铁素体形核位置有关。

铁素体在奥氏体晶粒中形核位置的优先顺序依次为角隅、棱边、晶界面、晶粒内[35]。通常情况下，角隅处析出量较少且速度较快，因此，将“角隅”划归为“棱边”作为同一类位置处理；铁素体在奥氏体晶粒内部优先形核的情况通常不易发生，除非奥氏体晶粒内有共格性较好的析出物或所谓的“形变带”[36]，因此，本文只把铁素体形核位置分为“棱边”和“晶界面”两类位置来考虑。

对于先共析转变，当硬化指数 n 降低时，必然是因为铁素体形核率 N 显著降低的结果。同一类形核位置形核区域的碰遇和形核位置发生变化都会造成型核率 N 的显著降低；相反，若在同类位置的形核发生碰遇之前，n 应该是保持恒定的，因此，对于先共析转变，当铁素体在棱边形核发生碰遇前，n 应该保持不变，当发生碰遇后，随着形核率的降低，n 逐渐降低，并且棱边铁素体逐渐趋于饱和，铁素体形核位置从棱边逐渐向晶界面转移。当棱边析出铁素体饱和后，形核主要在晶界面进行，与棱边形核初期的情况类似，晶面铁素体形核初期，未发生碰遇前，n 值也保持不变；另外，由于是连续冷却，特别是在冷却速度较快的情况下，在相变温度的制约下，在晶面形核铁素体发生碰遇前，铁素体相变很可能已经终止，另一种相变可能已经开始。所以，在冷却速度较快的情况下，可能看不到晶面铁素体析出末期 n 值的逐渐降低。基于上述分析，可将硬化指数 n 的变化与铁素体形核位置的变化相联系。这与 Cahn[37] 对等温情况下铁素体形核位置和 $\ln\ln[1/(1-f)]-\ln t$ 曲线对应关系的分析是相似的。

根据上述分析，很容易在图 2-4 中确定先共析转变区，即 ABC 或 AC 段，C 点后，曲线斜率升高，表示另一类相变开始，因此 C 点表示先共析铁素体

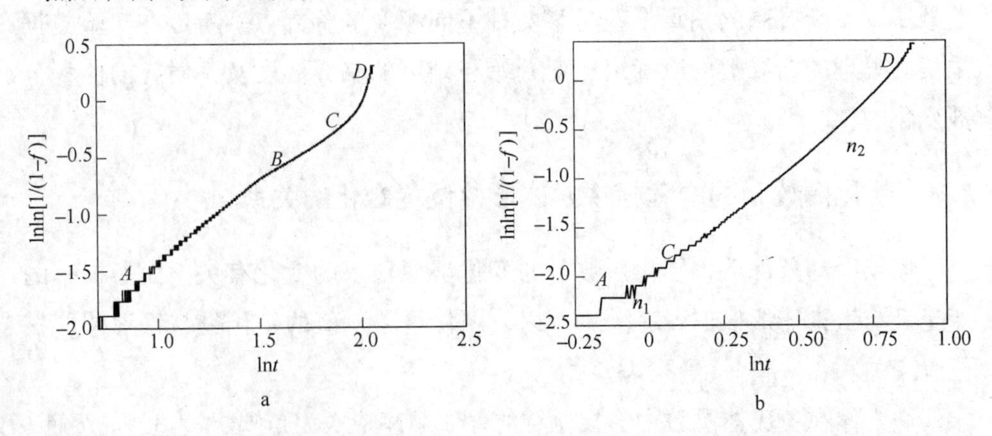

图 2-4　不同冷却速度下的 $\ln\ln[1/(1-f)]$

a—1℃/s；b—10℃/s

析出完成。图 2-4a 中 *CD* 段表示珠光体形成，图 2-4b 中 *CD* 段表示贝氏体形成阶段。

根据上述分析处理，可得出临界温度与组织百分比分布，如表 2-2 所示。

表 2-2 各相在 lnln[1/(1 − *f*)] − ln*t* 曲线上的对应线段及其体积分数

冷却速度/℃ · s^{-1}	各相在曲线上对应线段及体积分数/%		
	铁素体	珠光体	贝氏体
1	*AC*，85	*CD*，15	—
10	*AC*，10	—	*CD*，90

为研究曲线与真实组织分布的规律，图 2-5 为对应的金相组织，可以发现曲线所获得的分析结果与实际情况基本一致。

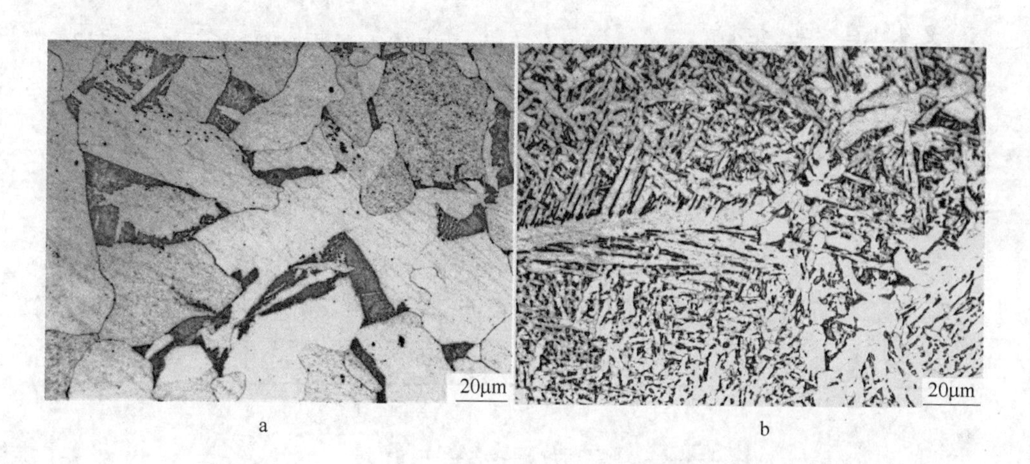

图 2-5 实验钢的金相组织

a—1℃/s；b—10℃/s

2.4 连续冷却转变行为研究

在双相钢的 TMCP 工艺研究中，充分利用冷却装置控制轧后相变，综合利用细晶强化、相变强化以及控制空冷过程中的析出强化来获得韧性良好的材料。通过奥氏体连续冷却转变曲线——CCT（Continuous Cooling Transformation）的研究，可以确定热轧过程中的相变温度、冷却速度等参数。通过热模拟实验还可以确定热处理过程中的加热温度、淬火温度等重要工艺参数。通过绘制 CCT 曲线，了解实验钢的相变规律，确定各种冷却速度下得到的显微组织，为制定合理的轧制工艺提供理论依据。

CCT是指在一定的冷却速度下，过冷奥氏体在一个温度范围内所发生的转变[38]，用来确定实验钢的连续冷却转变曲线和转变后的显微组织。连续冷却过程实际上是过冷奥氏体通过了由高温到低温的整个区间。连续冷却速度不同，到达各个温度区间的时间以及在各个温度区间停留的时间也不同，这样实验钢在连续冷却过程中，由于冷却速度、奥氏体变形等条件的影响，会得到包括先共析铁素体、多边形铁素体、针状铁素体、珠光体、贝氏体以及马氏体等不同组织，同时还会有残余奥氏体等第二相[39]。

2.4.1 实验材料及实验设备

2.4.1.1 实验材料

实验钢选用实验室真空冶炼炉冶炼，化学成分如表2-3所示。为避免中间偏析，选取钢板宽度1/4处进行取样，静态热模拟实验试样机械加工成如图2-6所示。动态热模拟实验则加工成ϕ8mm×15mm的圆柱试样。

表2-3 实验钢化学成分（质量分数,%）

C	Si	Mn	P	S	Cr
0.072	0.204	1.38	0.019	0.005	0.423

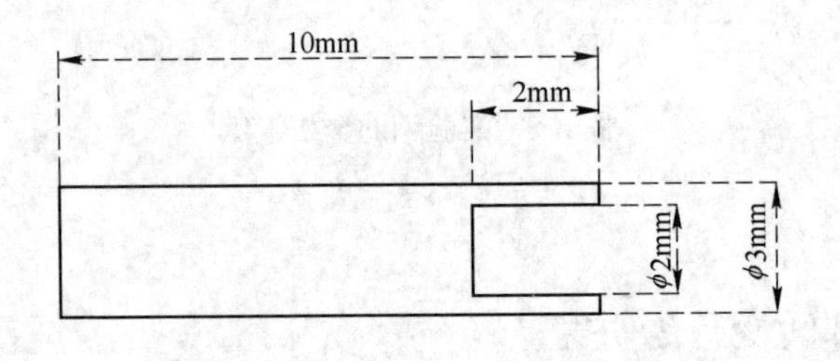

图2-6 实验钢标准试样加工图

2.4.1.2 实验设备

静态热模拟实验在全自动相变仪Formaster-FΠ实验机上进行。Formaster-FΠ是一台可以测试钢、铁等金属材料静态相变温度的仪器，其测量范围很宽，为-150~1400℃。相变仪采用高频感应加热和气体喷雾冷却来实现温度的精确控制，采用普通铜管喷嘴进行冷却，以及差动相变测定系统进行膨胀测量。实验前在电焊机上将 R 型热电偶焊在试样凹槽的正中心，并用绝缘管将热电偶套装，以免实验过程中两根热电偶接触，影响加热效果。实验在真空系统中进行，一般冷却气体为氮气。

动态热模拟实验采用轧制技术与连轧自动化国家重点实验室自主开发研制的 MMS-300 热模拟机。该实验机包括计算机控制系统、热学控制系统和力学控制系统三个主要控制系统，计算机终端、主控单元、试样单元、液压动力单元和真空单元 5 个设备单元，以及淬火系统、绘图仪等构成。

2.4.2 实验方法

实验工艺过程如图 2-7 与图 2-8 所示。静态热模拟实验将试样以 10℃/s

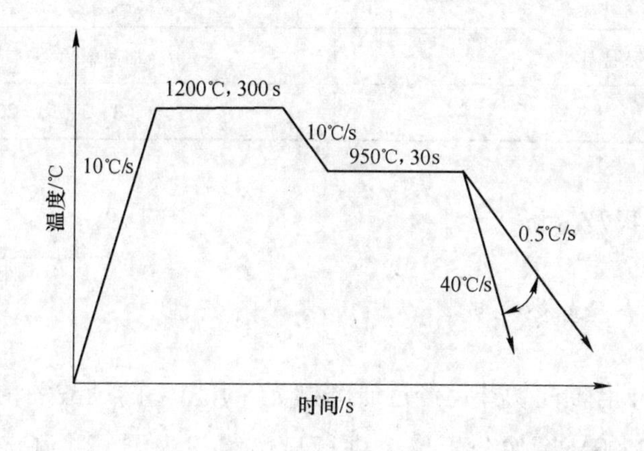

图 2-7　用热膨胀法测定静态 CCT 曲线的实验方案示意图

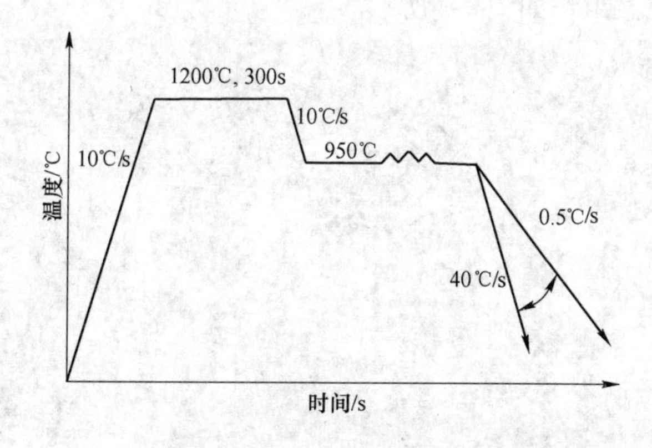

图 2-8　用热膨胀法测定动态 CCT 曲线的实验方案示意图

的速度加热到1200℃，保温300s后以10℃/s的速度冷却到950℃后，保温30s以消除试样内部的温度梯度，然后分别以0.5℃/s、1℃/s、2℃/s、5℃/s、10℃/s、20℃/s、40℃/s的冷却速度冷却到室温。

动态热模拟实验与静态热模拟实验类似，只是在950℃保温30s后变形50%，变形后再分别以0.5℃/s、1℃/s、2℃/s、5℃/s、10℃/s、20℃/s、40℃/s的冷却速度冷却到室温。

记录冷却过程中试样的温度-膨胀量曲线，进而进行CCT曲线的测定，并通过LEICAQ550IW光学显微镜观察所得试样的光学显微组织，通过分析膨胀曲线和显微组织确定实验钢的相变温度，并绘制CCT曲线。热膨胀法测定CCT曲线实验工艺参数如表2-4所示。

表2-4 热膨胀法测定CCT曲线工艺参数

保温温度/℃	冷却速率/℃ · s^{-1}
950	0.5、1、2、5、10、20、40

2.4.3 实验结果及分析

2.4.3.1 金相组织分析

将所得试样沿轴向切开，经过研磨抛光，用4%的硝酸酒精溶液腐蚀后，在LEICA DM 2500M图像分析仪上进行显微组织观测，并测定各组织含量。腐蚀后的光学显微组织如图2-9所示。

a b

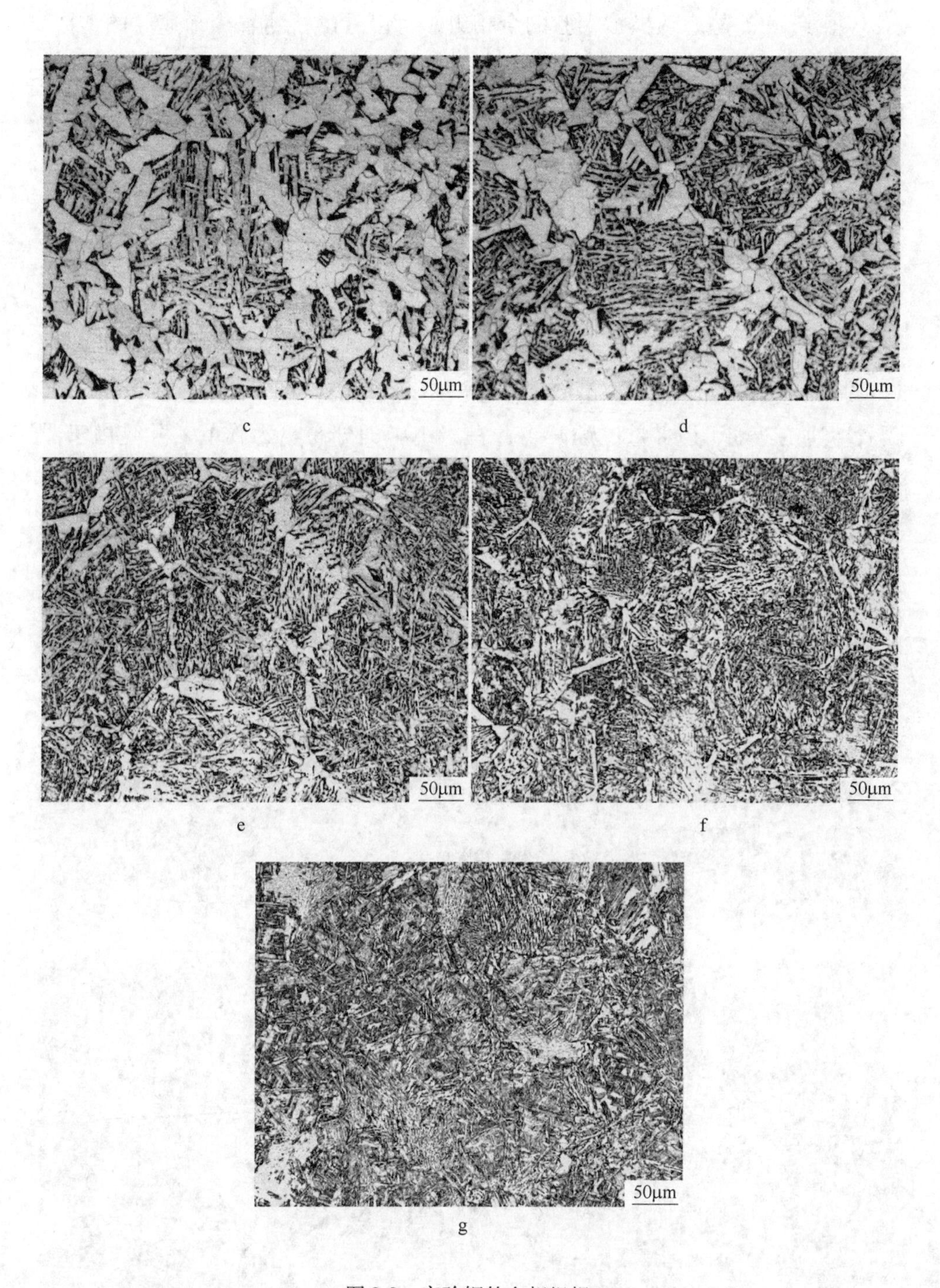

图 2-9 实验钢的金相组织

a—v = 0.5℃/s；b—v = 1℃/s；c—v = 2℃/s；d—v = 5℃/s；e—v = 10℃/s；f—v = 20℃/s；g—v = 40℃/s

从图 2-9 的静态热模拟实验的金相组织可以看出，随着冷却速度的增大，其显微组织转变情况为：冷速为 0.5℃/s、1℃/s 和 2℃/s 时，组织为 F + P + B，并随冷速的增加，P 含量逐渐减少，在组织中的分布更为弥散，并且由于晶粒长大受到抑制使得 F 晶粒尺寸减小；冷速为 5℃/s 时，不再发生 P 转变，组织为 F + B 双相组织，并随冷速的增加，B 含量增多，板条变细，贝氏体和铁素体向奥氏体晶内平行生长；当冷却速度大于 20℃/s 时，组织基本为贝氏体；而当冷速大于 40℃/s 后时，发生了马氏体转变，组织为 B + M。

从图 2-10 的动态热模拟实验的金相组织可以看出，随着冷却速度的增大，其显微组织转变情况为：冷速为 0.5℃/s 和 1℃/s 时，组织为 F + P，并随着冷速的增加，P 含量逐渐减少，在组织中的分布更为弥散，并且由于晶粒长大受到抑制使得 F 晶粒尺寸减小；冷速为 2℃/s 时，开始发生贝氏体转变，组织为 F + B + P 三相组织，并随着冷速的增加，B 含量增多，板条变细，

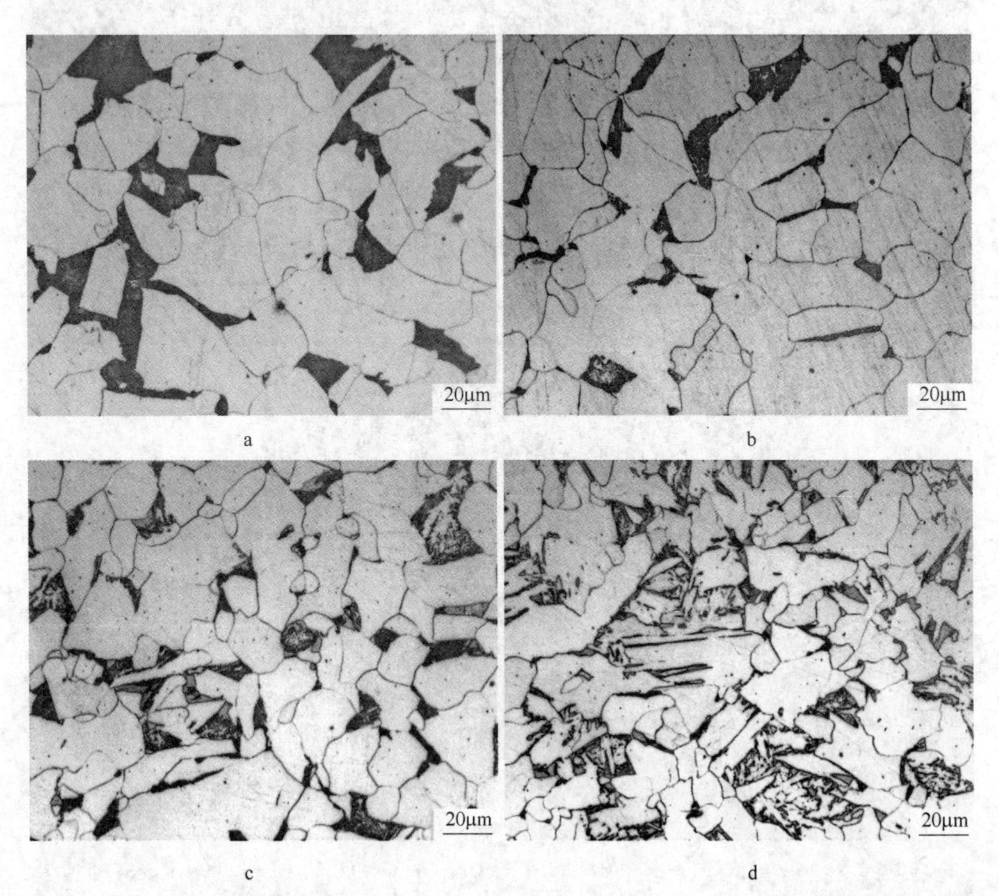

a b
c d

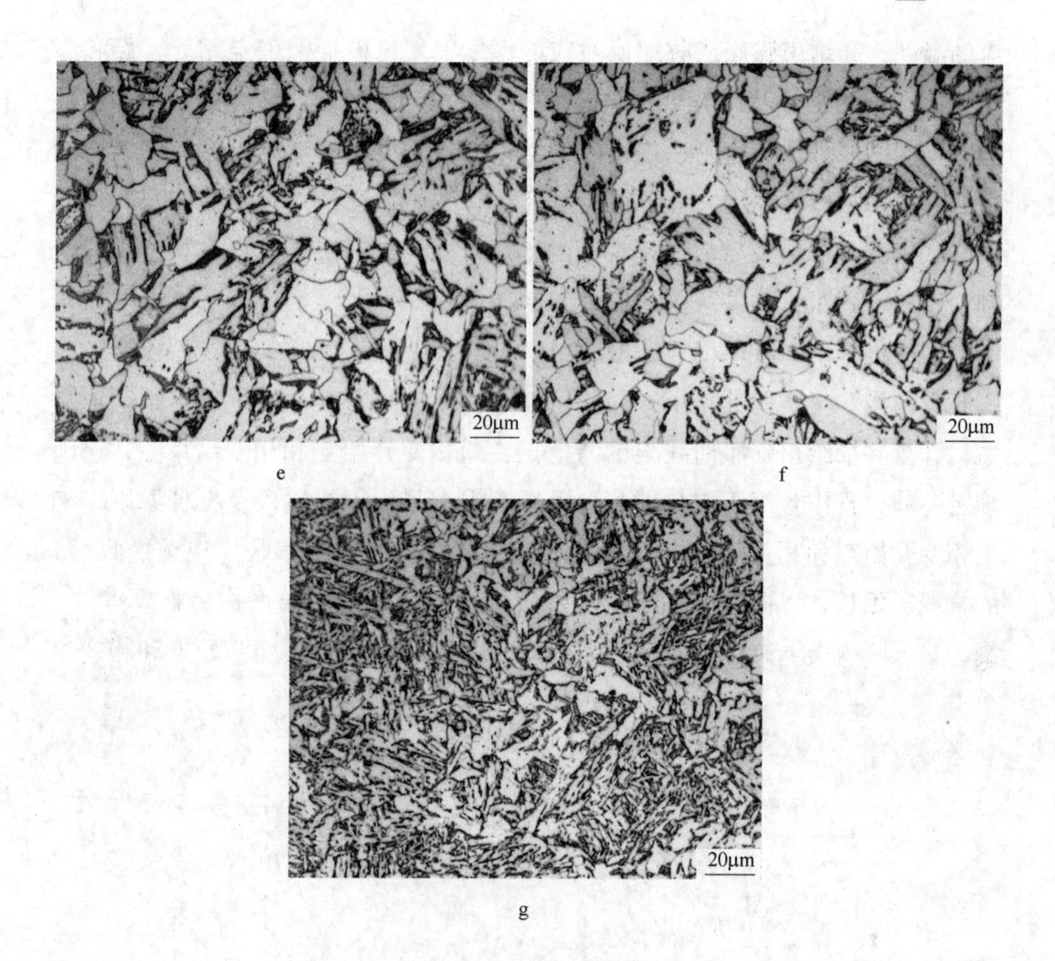

图 2-10 实验钢的金相组织

a—v=0.5℃/s；b—v=1℃/s；c—v=2℃/s；d—v=5℃/s；e—v=10℃/s；f—v=20℃/s；g—v=40℃/s

贝氏体和铁素体向奥氏体晶内平行生长。当冷却速度大于40℃/s时，仍有少量铁素体存在。

2.4.3.2 CCT 曲线及其分析

在加热及冷却过程中会发生组织转变，由于钢中各相的线膨胀系数和比容的不同，导致钢在发生相变时会伴随有微量的体积膨胀或收缩，即但凡发生奥氏体分解、铁素体相变的过程都将伴随着体积膨胀。钢中各相的比容由大到小的排列顺序为马氏体、贝氏体、珠光体、铁素体、奥氏体[40]。因为钢在不同的冷却速度下会发生不同程度的相变，如果测出开始膨胀或收缩所对应的温度，和结束膨胀或收缩所对应的温度，就可以近似确定相变开始和终了温度，连线便可得到钢的 CCT 曲线图。根据钢中各相线膨胀系数和比容的相互不同的原理，热膨胀法是目前最常用的一种测定变形奥氏体相变温度的方法。运用相似性原理，通过热模拟机模拟现实生产中钢的加热和冷却过程，用膨胀仪测量加热及冷却过程中钢的膨胀量变化，通过计算机分析处理，绘制温度——膨胀量的关系曲线。

实验过程中 Formaster-FΠ 差动相变测定系统测量膨胀，记录仪记录温度-膨胀量曲线。将实验数据用 Origin 软件绘图后，结合金相组织确定组织成分后，计算并描绘出膨胀曲线上的特征点，即相变开始点和相变结束点，进而确定冷却过程中各组织成分的相变温度。本书采用切线法以及杠杆原则来确定相变开始点和相变结束点，即把热膨胀曲线上的纯热膨胀（或纯冷收缩）的直线段延长，以曲线开始偏离的位置即切点所对应的温度作为临界点[41]。图 2-11 即为确定相变点的示意图，图中 T_s 和 T_f 分别为相变开始点和相变结束点。

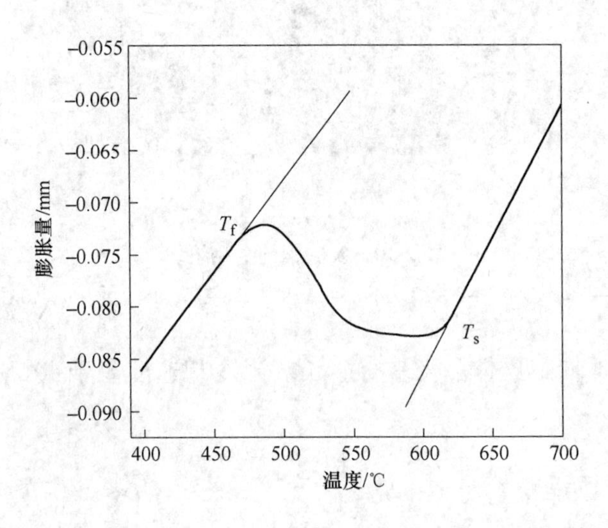

图 2-11 用切点法确定相变点的示意图

当相变组织由两相及两相以上组成，而膨胀量-温度曲线上只有一个拐点。这是由于试样在设定的冷速范围内奥氏体转变为各相时是连续进行的，没有明显的分界点，不能引起膨胀曲线的明显变化，故需结合金相法，测定各相百分含量，应用“杠杆定律”在膨胀量-温度曲线上确定相变点，并且在膨胀量曲线上，珠光体相变开始点 P_s 即是铁素体相变结束点 F_f，贝氏体的相变开始点 B_s 即是珠光体相变结束点。这里引用实验钢冷速为 2℃/s 时采用“杠杆定律”确定铁素体、珠光体、贝氏体的相变开始点和相变结束点，如图 2-12 所示。

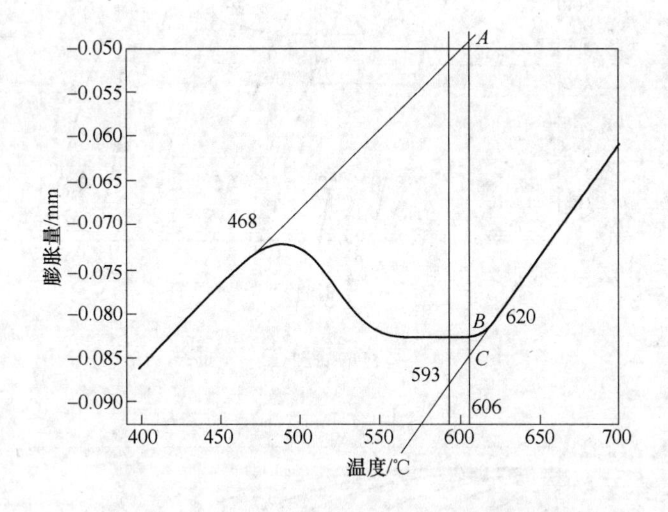

图 2-12 “杠杆定律”计算转变量的方法

通过金相照片测定出各相组织体积分数 a，根据膨胀曲线上拐折区的膨胀量，并结合杠杆定理计算第二相转变温度。转变产物的相对量可按式(2-1)求得。

通过切线法作出的实验钢静态 CCT 曲线如图 2-13 所示。

从图 2-13 的 CCT 曲线结合金相组织，可以看出实验钢的静态 CCT 图相变区域主要由 A→F 转变区域、A→B 转变区域组成。其中 A→F 转变温度区间大体为 665 ~ 580℃，A→B 转变温度区间大体为 531 ~ 501℃。冷却速度小于 2℃/s 时，出现的组织为 F + P + B，冷却速度大于 5℃/s 组织为 F + B，当冷却速度大于 20℃/s 时组织均为贝氏体。

从图 2-14 的 CCT 曲线结合金相组织，可以看出实验钢的动态 CCT 图相变区域主要由 A→F 转变区域组成。其中 A→F 转变温度区间大体为 668 ~ 808℃。从图 2-14 的动态 CCT 曲线结合金相组织，可以看出冷却速度小于 5℃/s 时，出现的组织为 F + P，未出现贝氏体组织；冷却速度大于 5℃/s 组织为 F + B，当冷却速度大于 40℃/s 时组织仍有贝氏体出现。

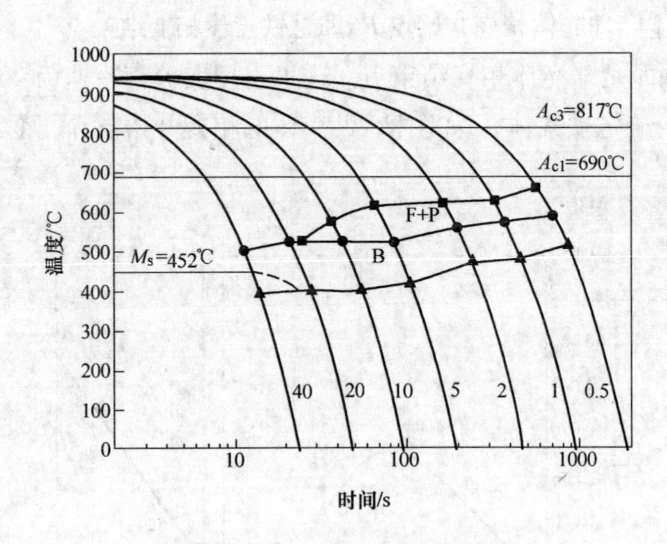

图 2-13 实验钢的静态 CCT 曲线

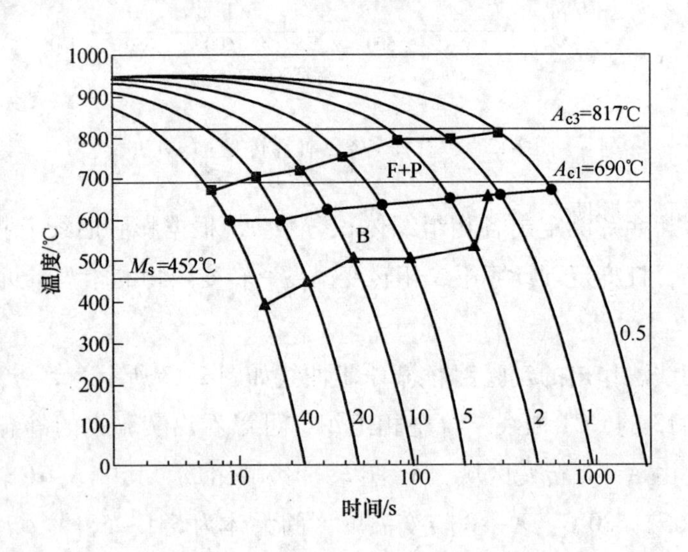

图 2-14 实验钢的动态 CCT 曲线

2.4.4 分析与讨论

2.4.4.1 冷却速度对相变组织的影响

结合图 2-11 ~ 图 2-14 可以看出，随着冷却速度的增大，过冷奥氏体连续冷却的相变点降低，未变形时，实验钢在0.5～40℃/s的范围内均获得了贝氏体组织，而经过50%变形后，实验钢在小于2℃/s的范围内组织只有铁素体和珠光体，而不出现贝氏体，这是由于变形提高了铁素体的开始转变温度，整个相变过程加速。同时在40℃/s的时候，变形后还继续出现大量的铁素体组织，这是由于变形过程缩短了奥氏体向铁素体转变的孕育期，加快相变速度，同时变形导致奥氏体内部的缺陷密度大幅度增加，这些缺陷一方面可以储存大量的畸变能，另一方面又有利于铁原子和碳原子的扩散，因此，变形会导致铁素体在奥氏体组织中的形核位置增加，形核率提高，从而缩短奥氏体向铁素体转变的孕育期，扩大了铁素体的相变区间。此外，随着冷却速度的增加，贝氏体的形态也发生了逐步改变。

2.4.4.2 变形对相变组织的影响

奥氏体连续冷却转变过程中，在相同的0.5℃/s冷速下，经过50%变形后的试样的显微组织中出现了多边形和准多边形铁素体以及珠光体，而未经变形的试样中则出现了贝氏体组织，见图2-15。经过变形后的贝氏体区域明显缩小，主要是因为，变形使奥氏体的晶粒尺寸明显减小，提高了切变相变的阻力，同时变形使试验钢中产生了很高密度的位错，抑制了以切变机制转变的贝氏体相变[42]。因此，变形促进了铁素体相变，在一定程度上抑制了贝

图2-15 0.5℃/s冷速下不同变形量的实验钢的显微组织

a—未变形；b—50%变形

氏体相变。一个重要的原因是，由于变形可以促进奥氏体晶粒长大和晶界转动，从而使得晶界处原子的混乱度增大，增加了晶界能，其结果是促进先共析铁素体的形核。另外一个重要的原因便是，热变形奥氏体中新相的形核位置增多，主要表现在奥氏体晶粒因变形而被拉长，增加了单位体积内奥氏体晶界的面积。再结晶过程细化了奥氏体晶粒，增加了单位体积的奥氏体晶界面积，奥氏体内部位错密度高的区域成为形核位置。变形区域由于大量位错的存在而处于高能量状态，在变形带存在大量聚集的位错，形核将会使位错消失而降低能量，使系统向稳定状态转变，因而变形带区域也将是优先形核的区域[43]。

2.5 合金元素 Si 和 Cr 对相变过程的影响

2.5.1 实验材料

实验钢选用实验室真空冶炼炉冶炼，化学成分如表 2-5 所示。

表 2-5 实验钢化学成分（质量分数,%）

编 号	C	Si	Mn	P	S	Cr
1 号	0.050	0.205	1.45	0.022	0.005	0.237
2 号	0.064	0.392	1.42	0.020	0.004	0.239
3 号	0.072	0.204	1.38	0.019	0.005	0.423

2.5.2 实验方法

实验工艺过程如图 2-7 所示。将试样以 10℃/s 的速度加热到 1200℃，保温 180s 后以 10℃/s 的速度冷却到 950℃后，保温 30s 以消除试样内部的温度梯度，然后分别以 0.5℃/s、1℃/s、2℃/s、5℃/s、10℃/s、20℃/s、40℃/s 的冷却速度冷却到室温，记录冷却过程中试样的温度-膨胀量曲线，进而进行 CCT 曲线的测定，并通过 LEICAQ550IW 光学显微镜观察所得试样的光学显微组织，通过分析膨胀曲线和显微组织确定实验钢的相变温度，并绘制 CCT 曲线。

2.5.3 实验结果分析

将所得试样沿轴向切开，经过研磨抛光，用 4% 的硝酸酒精溶液腐蚀后，在 LEICA DM 2500M 图像分析仪上进行显微组织观测，并测定各组织含量。腐蚀后的光学显微组织如图 2-16 所示。

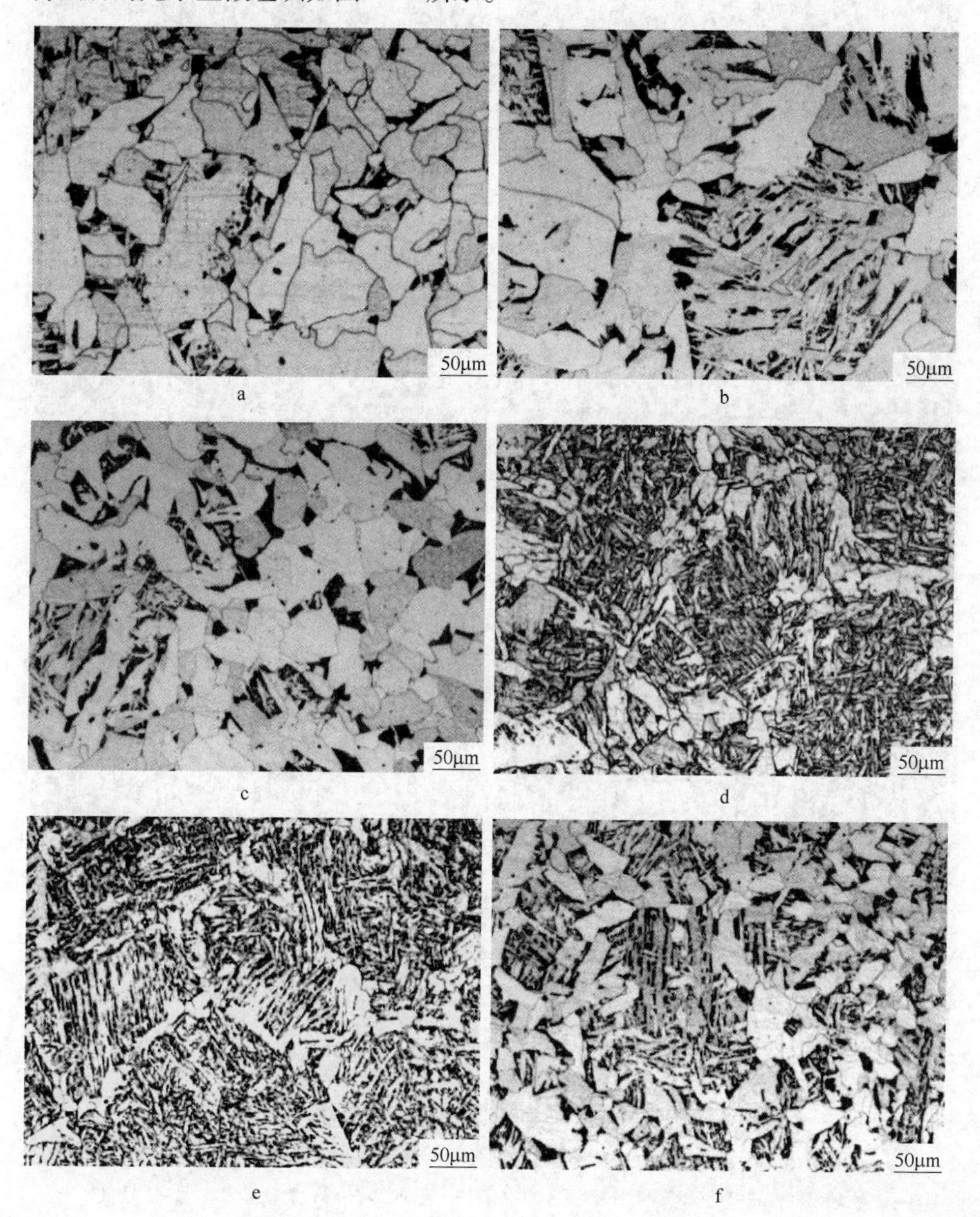

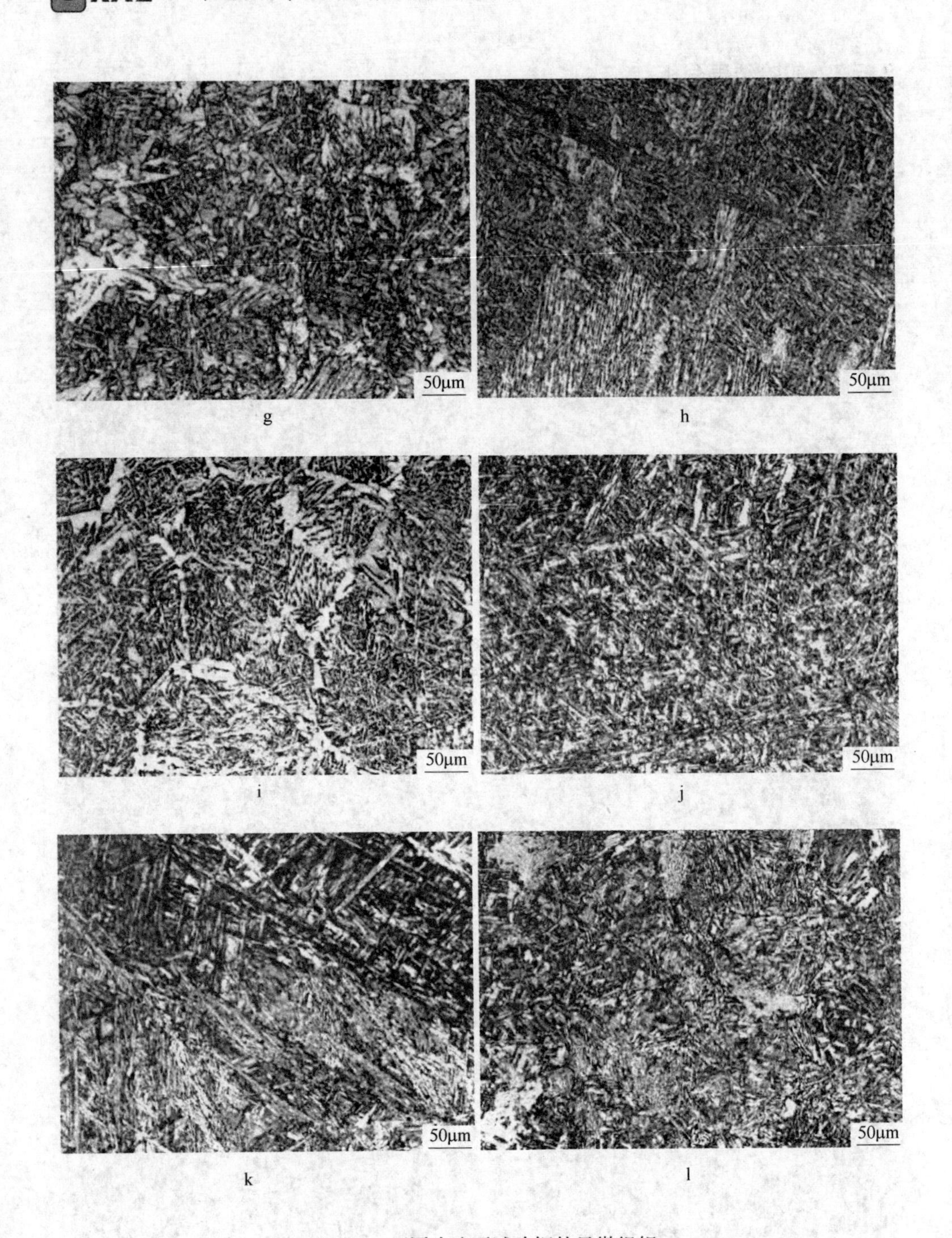

图2-16 不同冷速下试验钢的显微组织

a—1号0.5℃/s；b—2号0.5℃/s；c—3号0.5℃/s；d—1号5℃/s；e—2号5℃/s；f—3号5℃/s；
g—1号10℃/s；h—2号10℃/s；i—3号10℃/s；j—1号40℃/s；k—2号40℃/s；l—3号40℃/s

从图 2-16 可以看出，当冷却速度为 0.5℃/s 时，3 个不同成分的实验钢的金相组织均为 F + P + B；当 5℃/s 时，1 号和 2 号实验钢组织均为 F + P，而 3 号实验钢的组织为 F + P + B；当冷却速度为 40℃/s 时，1 号实验钢的金相组织全部是贝氏体组织，而 2 号、3 号实验钢的金相组织中则出现了少量的马氏体，金相组织为 B + M。

从图 2-17 的静态 CCT 曲线图可以看出，1 号实验钢的 A_{c1}、A_{c3} 温度分别为 665℃、803℃，M_s 温度为 462℃。实验钢的静态 CCT 图相变区域主要由 A→F 转变区域、A→B 转变区域组成。其中 A→F 转变温度区间大体为 630 ~ 602℃，A→B 转变温度区间大体为 560 ~ 501℃。

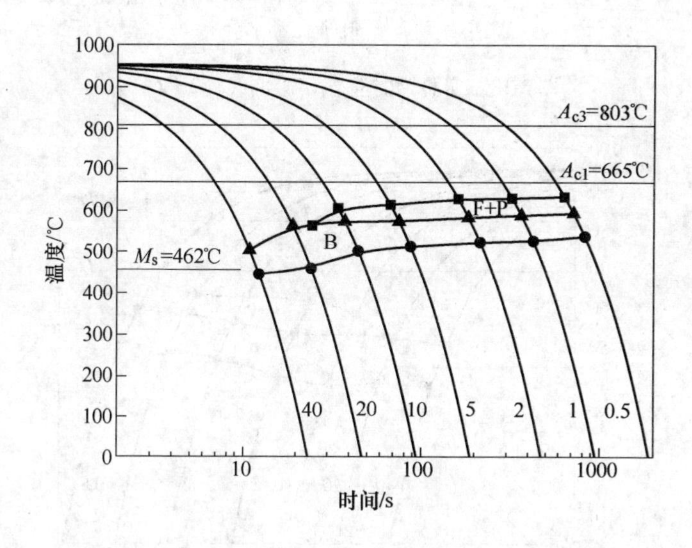

图 2-17　实验钢的静态 CCT 曲线（1 号）

从图 2-18 的静态 CCT 曲线图可以看出，2 号实验钢的 A_{c1}、A_{c3} 温度分别为 695℃、820℃，M_s 温度为 456℃。实验钢的静态 CCT 图相变区域主要由 A→F 转变区域、A→B 转变区域组成。其中 A→F 转变温度区间大体为 659 ~ 608℃，A→B 转变温度区间大体为 510 ~ 504℃。

从图 2-19 的静态 CCT 曲线图可以看出，3 号实验钢的 A_{c1}、A_{c3} 温度分别为 690℃、817℃，M_s 温度为 452℃。实验钢的静态 CCT 图相变区域主要由 A→F 转变区域、A→B 转变区域组成。其中 A→F 转变温度区间大体为 665 ~ 580℃，A→B 转变温度区间大体为 531 ~ 501℃。

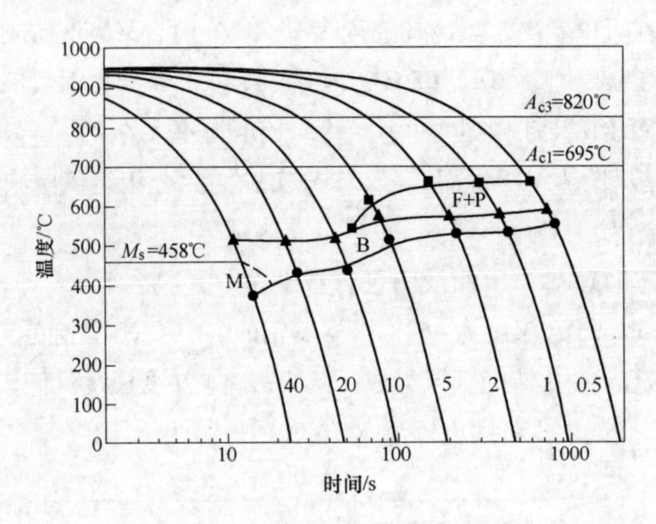

图 2-18 实验钢的静态 CCT 曲线（2 号）

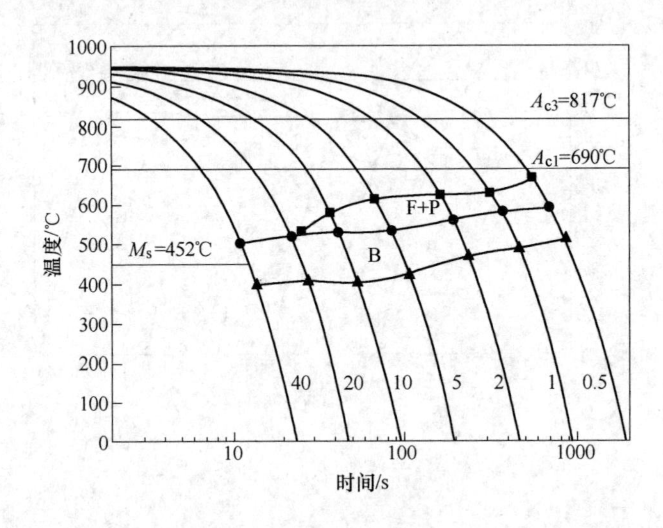

图 2-19 实验钢的静态 CCT 曲线（3 号）

2.5.4 分析与讨论

从上述的实验结果来看，Si 和 Cr 的添加对整个相变过程具有较大影响。当 Si 含量由 0.2% 增加到 0.4% 时，A_{c1}、A_{c3} 温度分别提高 30℃、17℃。同时铁素体的相变温度明显提高，尤其在冷却速度较低的时候，铁素体相变温度提高将近 30℃。Si 作为非碳化物形成元素，可以扩大 Fe-C 相图中的 α + γ 区，使两相区的温度范围加宽，提高了奥氏体向铁素体转变温度，促进铁素体析出，尤其是在低冷却速度的情况下更为明显。

当合金元素 Cr 含量由 0.2% 增加到 0.4% 时，A_{c1}、A_{c3} 温度分别提高 25℃、14℃。合金元素 Cr 是一种典型的缩小奥氏体区的元素，Cr 含量的增加能明显地提高 A_{c1}、A_{c3} 温度。同时，合金元素 Cr 可以显著促进马氏体相变，虽然合金元素 C_r 添加根据 M_s 点测量公式，有略微的降低但变化不大，而在 40℃/s 时，Cr 含量增加的 CCT 曲线图中可以看出此时出现了马氏体组织。这是由于 Cr 是一种中强碳化物形成元素，能显著提高钢的淬透性，强烈推迟珠光体和贝氏体转变区域，扩大卷取窗口。

2.6 本章小结

（1）运用热膨胀曲线，通过优化处理可以得到相对应的相变动力学曲线，相变动力学曲线可以很好地反映出新相形成过程与新相形成速度，结合相变动力学曲线与热膨胀曲线，临界温度可以得到准确的确定。同时根据硬化指数 n 的变化，可以将先共析转变过程很好地描述出来，在新相形成过程中，尤其是先共析转变过程，优先析出的是棱边铁素体。

（2）利用 MMS 热模拟实验机以及全自动相变仪 Formaster-FΠ 实验机，采用热膨胀法与金相分析相结合的方法研究了 3 号实验钢在奥氏体未变形和 50% 变形后连续冷却条件下的相变组织，并且绘制了静态和动态 CCT 曲线，得到如下结论：

未变形奥氏体由 950℃ 开始的连续冷却过程中，冷却速度小于 5℃/s 时，均可获得铁素体、珠光体和贝氏体三种混合组织。当冷却速度大于 10℃/s 时，实验钢显微组织主要为贝氏体组织，当冷却速度大于 40℃/s 时，则出现了少量马氏体组织，而金相组织还是主要为贝氏体组织；经 50% 变形的过冷奥氏体冷却过程中，冷却速度小于 2℃/s 时，组织主要为铁素体和珠光体组织，而并未出现贝氏体组织。当冷却速度大于 5℃/s 时，开始出现贝氏体组织。当冷却速度小于 20℃/s 时，组织中仍有大量铁素体组织存在。当冷却速度为 40℃/s 时，组织主要为贝氏体组织及少量铁素体组织。通过 CCT 曲线与金相组织的综合分析，认为在 950℃ 时，对奥氏体进行变形处理，可以促进铁素体相变，一定程度上抑制贝氏体相变。

（3）利用全自动相变仪 Formaster-FΠ 实验机，采用热膨胀法与金相分析相结合的方法研究了1号~3号实验钢在奥氏体未变形连续冷却条件下的相变组织，并且绘制了静态CCT曲线，得到如下结论：合金元素Si和Cr的添加均使得A_{c1}、A_{c3}温度升高，同时降低M_s点，但是降低幅度很小。合金元素Si的添加在低的冷却速度下对铁素体相变温度提高近30℃，提高效果明显，合金元素Si的添加有助于加快铁素体相变。同时合金元素Cr含量增加后，在40℃/s时，出现了马氏体组织。合金元素Cr的添加有助于马氏体的析出，同时起到一定的抑制贝氏体相变的作用。

3 先共析转变过程的影响因素

本章主要针对影响先共析转变过程的因素进行分析，影响先共析转变过程的因素主要有奥氏体晶粒尺寸、冷却速度以及C含量，结合实验钢C含量固定为0.07%的情况下，主要研究奥氏体晶粒尺寸及冷却速度对先共析过程的影响。同时分析奥氏体温度不同，导致快速大量析出铁素体的情况下，对后续相变过程的影响。

3.1 奥氏体晶粒尺寸对先共析转变过程的影响

3.1.1 实验材料与实验设备

实验钢选用RAL国家重点实验室真空冶炼炉冶炼，化学成分如表2-3所示。为避开钢板中心偏析，选取钢板宽度1/2处进行取样，机械加工成ϕ3mm×10mm的圆柱形试样，如图2-6所示。

实验在全自动相变仪Formaster-FΠ实验机上进行。Formaster-FΠ是一台可以测试钢、铁等金属材料静态相变温度的仪器，其测量范围很宽，为-150~1400℃。相变仪采用高频感应加热和气体喷雾冷却来实现温度的精确控制，采用普通铜管喷嘴进行冷却，以及差动相变测定系统进行膨胀测量。实验前在电焊机上将R型热电偶焊在试样凹槽的正中心，并用绝缘管将热电偶套装，以免实验过程中两根热电偶接触，影响加热效果，实验在真空系统中进行，一般冷却气体为氮气。

3.1.2 实验方法

图3-1a为淬火实验工艺，将尺寸为ϕ3mm×10mm的圆柱状热模拟试样，10℃/s的加热速度，分别加热至900℃、1000℃、1100℃、1200℃，保温300s，以20℃/s速度降至810℃，保温30s，淬火至室温；右图为连续冷却实

验工艺，与淬火实验工艺一样，只是在810℃，保温后以1℃/s冷却至室温。

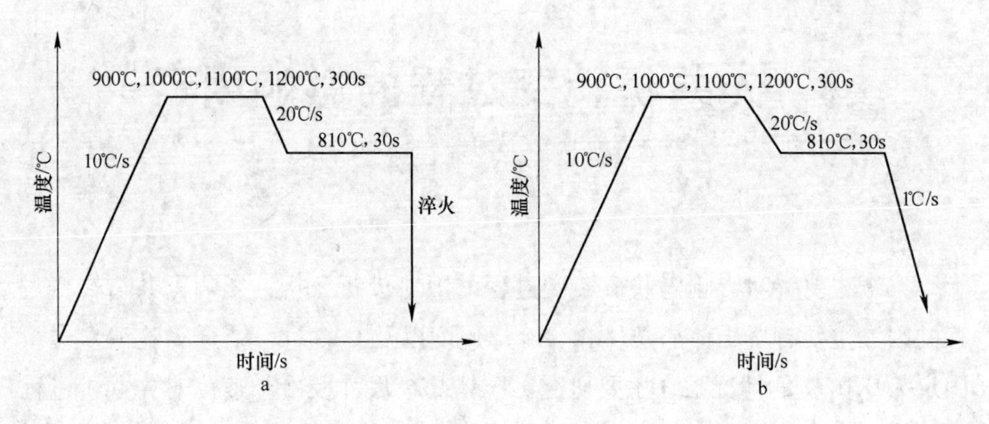

图3-1 实验工艺图

3.1.3 实验结果及分析

3.1.3.1 金相组织分析

图3-2为热模拟试样淬火后，用苦味酸腐蚀的微观组织，可以认为对应于连续冷却转变实验后的相同奥氏体化温度的相变前奥氏体晶粒。奥氏体化温度为900℃时，原奥氏体晶粒尺寸为30μm；奥氏体化温度为1000℃时，原奥氏体晶粒尺寸为41μm；奥氏体化温度为1100℃时，原奥氏体晶粒尺寸为45μm；奥氏体化温度为1200℃时，原奥氏体晶粒尺寸为53μm。随着奥氏体化温度的增加，其他条件相同的情况下，晶粒尺寸增加显著。

图3-3为实验试样连续冷却转变后的金相组织，主要为铁素体和珠光体组织。奥氏体化温度为900℃时，铁素体晶粒尺寸为18μm；奥氏体化温度为1000℃时，铁素体晶粒尺寸为23μm；奥氏体化温度为1100℃时，铁素体晶粒尺寸为27μm；奥氏体化温度为1200℃时，铁素体晶粒尺寸为30μm。

图3-4反映的是相变前后，不同奥氏体化温度晶粒尺寸变化规律，保温温度增高奥氏体晶粒尺寸呈现线性的增大，同时，对比相变前、后的组织，可以看出铁素体晶粒尺寸相对于原奥氏体晶粒尺寸具有良好的继

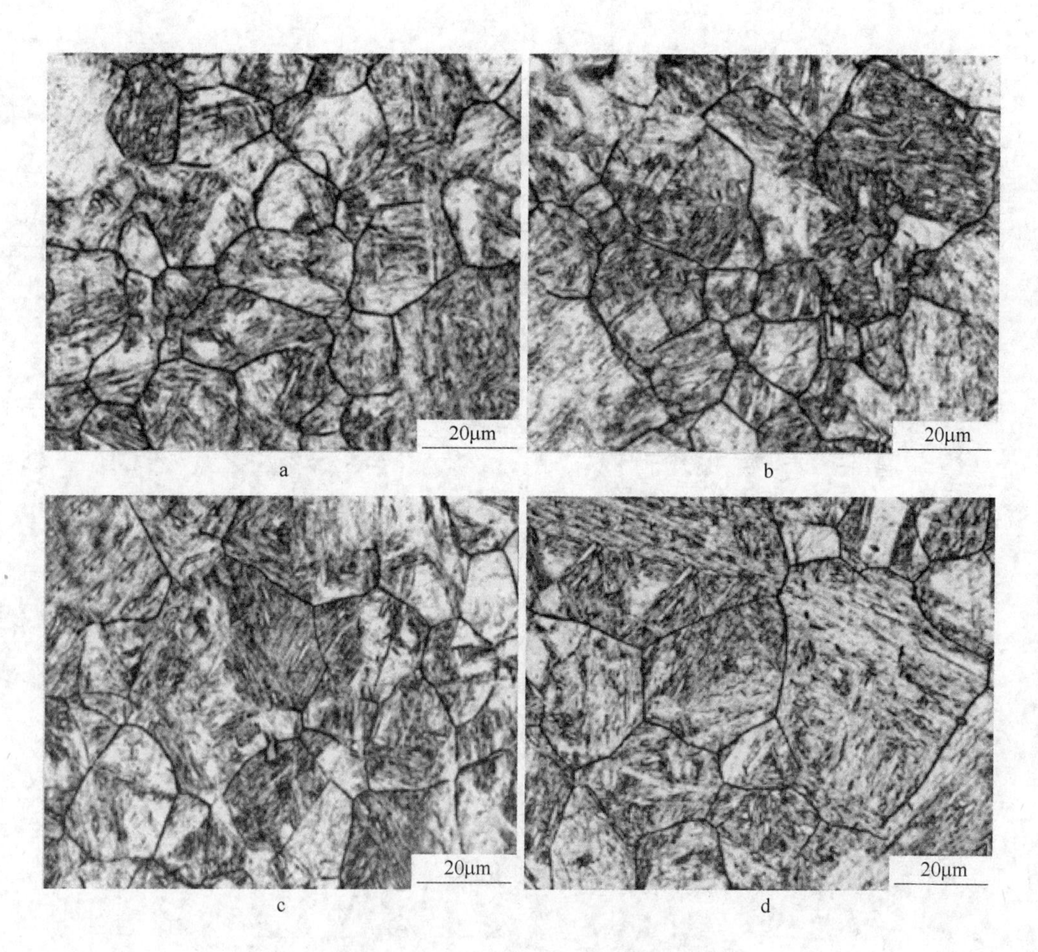

图 3-2 不同奥氏体温度下的淬火组织

a—900℃；b—1000℃；c—1100℃；d—1200℃

承性，即原始奥氏体晶粒尺寸越细小，相变后的铁素体晶粒尺寸也越趋于细小。

3.1.3.2 相变动力学曲线与硬化指数分析

将实验过程中所测得的线膨胀曲线，转化为图 3-5 中表观意义上的相变动力学曲线，即新相体积分数 f 与相变时间 t 的函数关系曲线。从图中可以看出，各种奥氏体化温度条件下的相变总时间差别不大，产生新相的平均速度差别也不大。为此本文采用新相体积分数达到 40% 的时间来表示相变速度，即反映相变前期的平均速度。

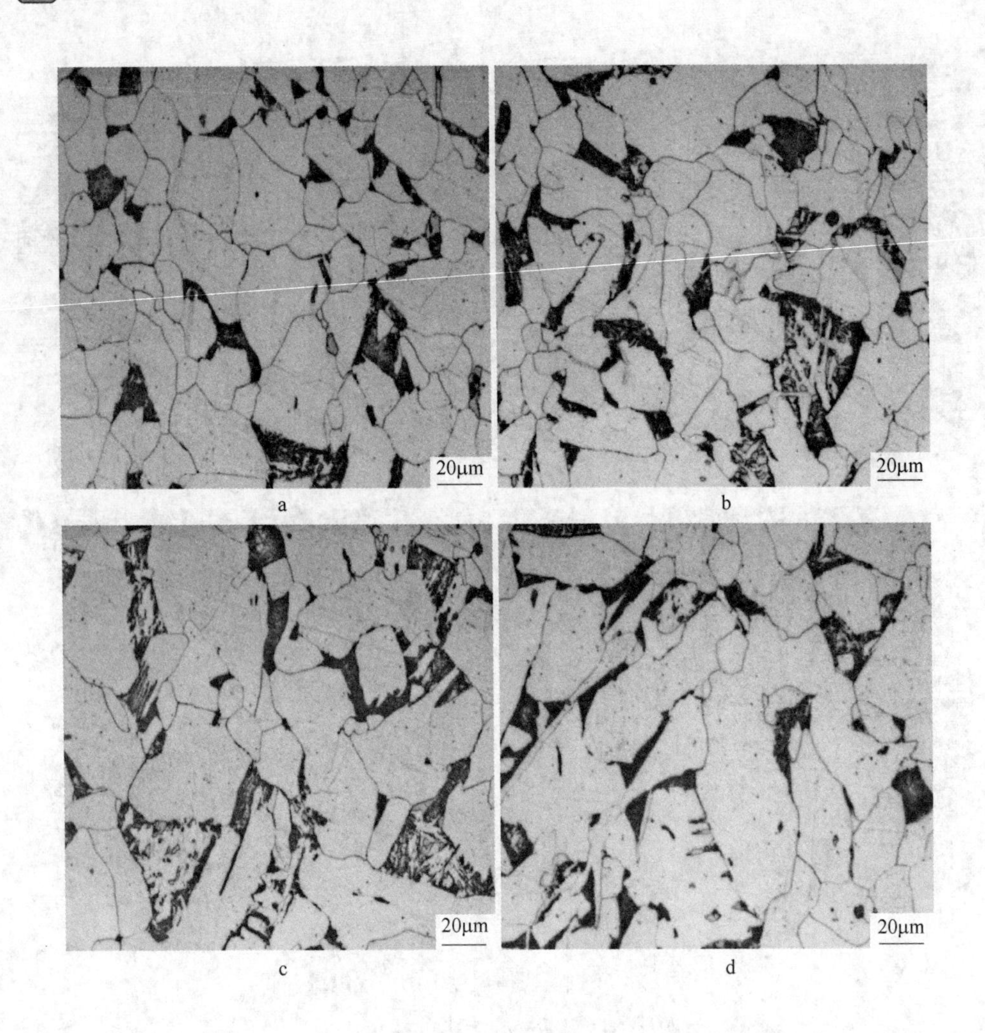

图 3-3 不同奥氏体温度下的冷却组织

a—900℃；b—1000℃；c—1100℃；d—1200℃

从图 3-5 中，可以看出，奥氏体化温度越小，对应的相变时间越短。同样我们可以理解，原始奥氏体晶粒尺寸越小，对应的相变速度越快。

由此我们可以得到，原始奥氏体晶粒尺寸对相变总时间影响不大；而原始奥氏体晶粒尺寸对相变前期影响比较明显，即奥氏体晶粒尺寸影响着先共析转变过程，随着奥氏体晶粒尺寸的减小，相变前期速度加快，铁素体更为快速地析出。

基于硬化动力学方程，可将“相变量-时间”函数关系 f-t 曲线转化为 lnln

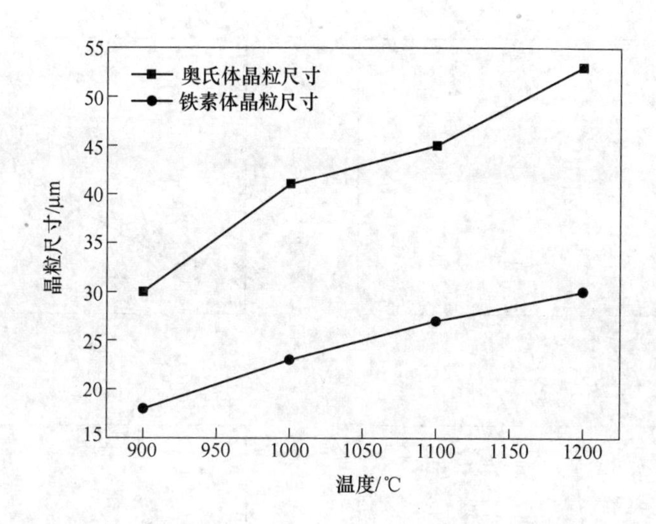

图 3-4　不同奥氏体化温度晶粒尺寸变化

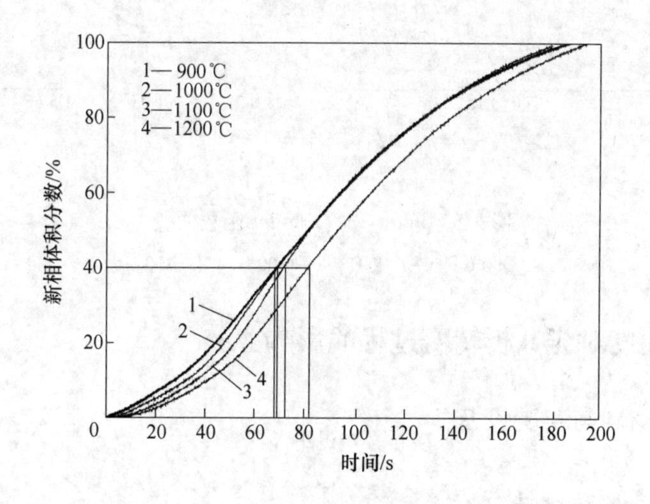

图 3-5　相变动力学曲线

$(1/1-f)-\ln t$ 曲线。如图 3-6 所示，通过对曲线进行分析，可以发现，在奥氏体化温度为 900℃时，棱边铁素体析出体积分数最多。

根据上述分析，在其他条件相同的条件下，减小相变前奥氏体晶粒尺寸，能够同时促进棱边铁素体析出量和析出速度。所以，奥氏体晶粒越细小，棱边铁素体的析出速度相对越快，棱边铁素体析出饱和时对应的体积分数越大。

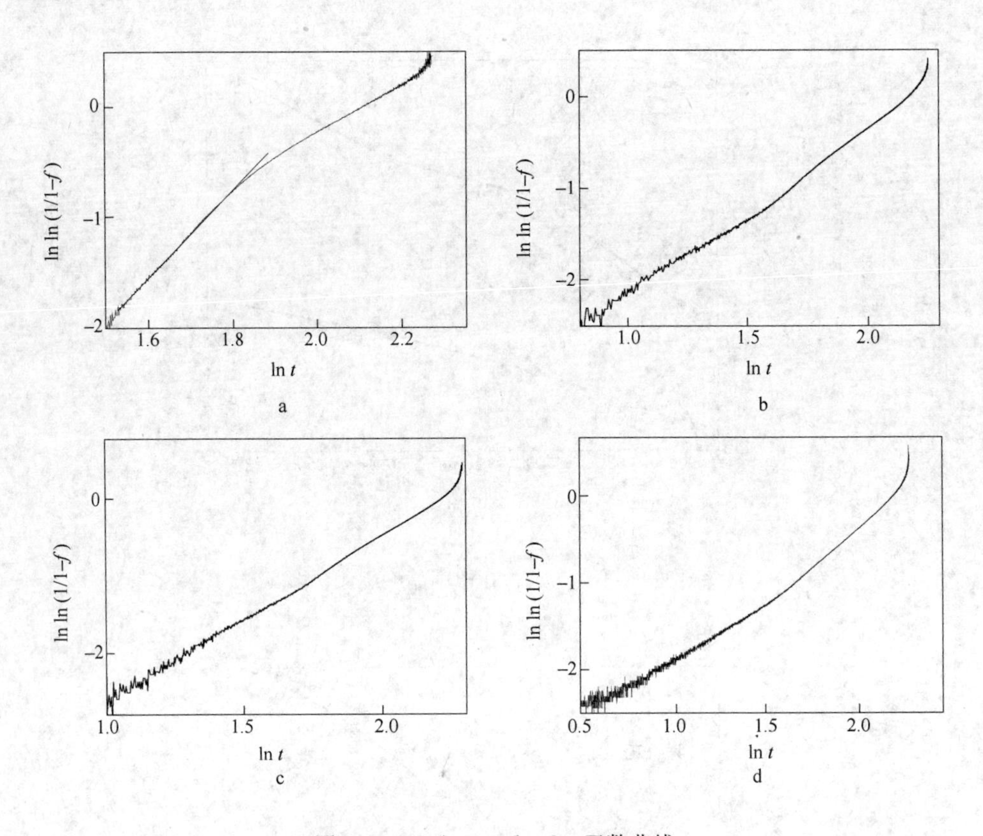

图 3-6 lnln(1/1 − f) − lnt 函数曲线

a—900℃；b—1000℃；c—1100℃；d—1200℃

3.2 冷却速度对先共析转变过程的影响

3.2.1 实验材料与实验设备

3.2.1.1 实验材料

实验钢选用 RAL 重点实验室真空冶炼炉冶炼，化学成分如表 2-3 所示。为避开钢板中心偏析，选取钢板宽度方向 1/4 处进行取样，机械加工成 ϕ3mm × 10mm 的圆柱形试样，如图 2-6 所示。实验在全自动相变仪 Formaster-FⅡ 实验机上进行。

3.2.1.2 实验设备

实验在全自动相变仪 Formaster-FⅡ 实验机上进行。

3.2.2　实验方法

以10℃/s的冷速加热到1200℃，保温300s，使试样完全奥氏体化，静态的热模拟实验以10℃/s冷却到950℃，保温30s，消除温度梯度对实验试样的影响，并以1℃/s、10℃/s、40℃/s冷却到室温，如图3-7所示。

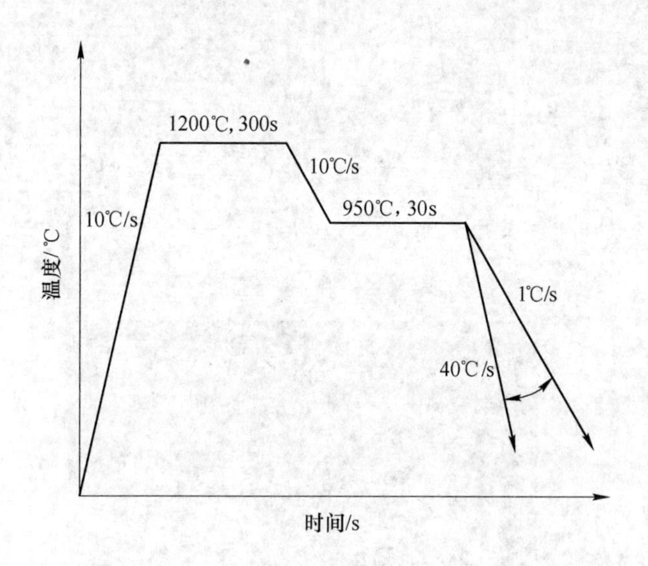

图3-7　热模拟实验工艺过程

3.2.3　实验结果及分析

3.2.3.1　金相组织分析

图3-8a、b、c为不同冷却速度下热模拟试样的微观组织。当冷却速度为1℃/s时，最终组织为等轴状铁素体和珠光体，如图3-8a；当冷却速度为10℃/s时，最终组织为铁素体和贝氏体，如图3-8b；当冷却速度为40℃/s时，最终组织为沿原奥氏体棱边析出的铁素体和贝氏体，如图3-8c。对比3种冷速下的组织，可以看出，在其他条件相同的情况下，冷却速度越大，最终组织中铁素体体积分数越少，铁素体晶粒的尺寸越小。

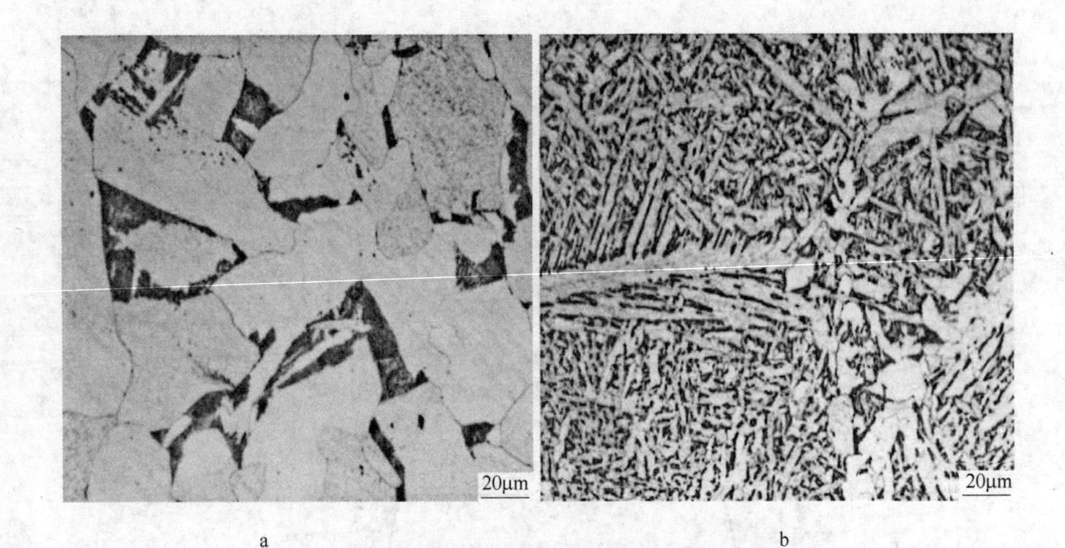

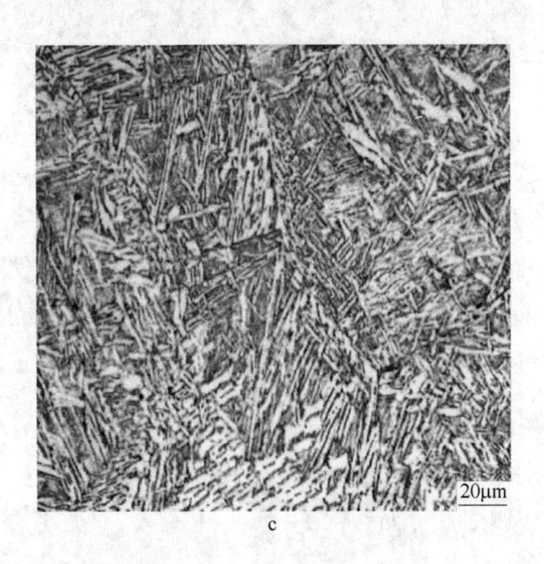

图 3-8 不同冷却速度下的金相组织

a—1℃/s；b—10℃/s；c—40℃/s

3.2.3.2 相变动力学曲线分析

将实验过程中所获得的热膨胀曲线进行 $f=f(t)$ 数学处理，得到图 3-9 所示的相变动力学曲线。从相变动力学曲线可以发现，随着冷却速度的增大，相变总时间显著缩短，相变速度明显加快。

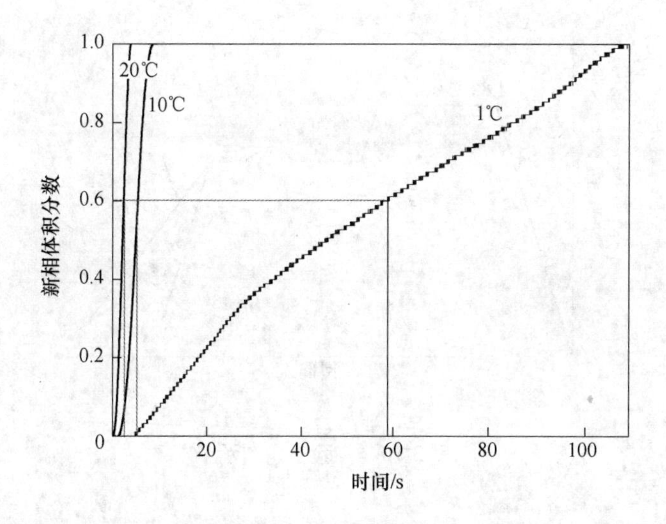

图 3-9 相变动力学曲线图

3.3 奥氏体化温度对后续相变过程的影响

CSP 由于生产线短，在后续冷却段具有较大的限制，这就经常要提高冷却速度，提高冷却速度虽然可以缩短相变时间、提高相变速度，但是却会导致铁素体析出量的降低，而铁素体的体积分数却极大地影响双相钢的力学性能，超快冷的使用对 CSP 的布置具有重大作用，超快冷可以加速前段冷却。

先共析铁素体主要分为“棱边”形核和“晶界面”形核两部分，而冷却速度对“棱边”形核铁素体的抑制作用较低。本章通过控制相变前奥氏体晶粒尺寸的方法来研究“快速大量析出铁素体”的先共析转变对后续进行的剩余奥氏体转变的影响规律。

3.3.1 实验材料与实验工艺

实验钢选用 RAL 重点实验室真空冶炼炉冶炼，化学成分如表 2-3 所示。为避开钢板中心偏析，选取钢板厚度 1/4 处进行取样，机械加工成 ϕ3mm × 10mm 的圆柱形试样，如图 2-6 所示。实验在 MMS300 实验机上进行。

实验具体工艺如图 3-10 所示。以 10℃/s 的冷却速度加热到 1200℃，保温 300s 后以 10℃/s 冷却到 870℃，保温 10s，消除温度梯度的影响。变形 50% 后以 0.5℃/s、1℃/s、2℃/s、5℃/s、10℃/s、20℃/s 的速度冷却到室温。

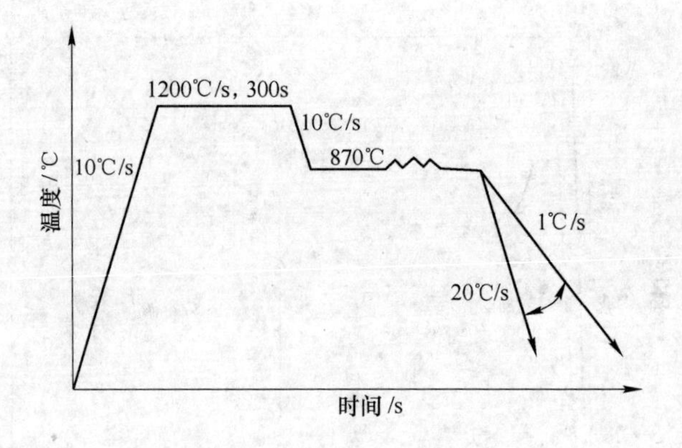

图 3-10 实验工艺图示

3.3.2 实验结果及分析

图 3-11 为实验钢在奥氏体化温度为 900℃情况下得到的金相组织，从金相组织可以看到，在 0.5 ~ 1℃/s 时金相组织为 F + P，而当冷却速度达到 5℃/s 时，开始发生了贝氏体转变。到了 20℃/s 时候，出现了少量马氏体，金相组织为 F + B + M。

图 3-12 为奥氏体化温度为 1200℃时得到的金相组织，从金相组织可以发现，当冷却速度为 0.5 ~ 1℃/s 时候得到的金相组织为 F + P，而当冷却速度达到 5℃/s 时，出现了贝氏体转变，金相组织为 F + B。图 3-13 为所获得的 CCT 曲线图。

3.3.3 分析与讨论

3.3.3.1 奥氏体化温度与铁素体相变

随着奥氏体化温度的降低，不同冷却速度下得到的金相组织中，铁素体体积分数明显增加，且铁素体的形态发生了明显的变化。1200℃加热完全奥氏体化时，碳原子的扩散速度明显加快，奥氏体内的合金元素分布更为均匀，冷却时奥氏体向铁素体转变过程只考虑晶界形核或者是在奥氏体内的缺陷处形核。又由于完全奥氏体时奥氏体内的平均合金元素含量较高，抑制了铁素体相变过程，且铁素体的相变过程又受到 Mn 等合金元素扩散过

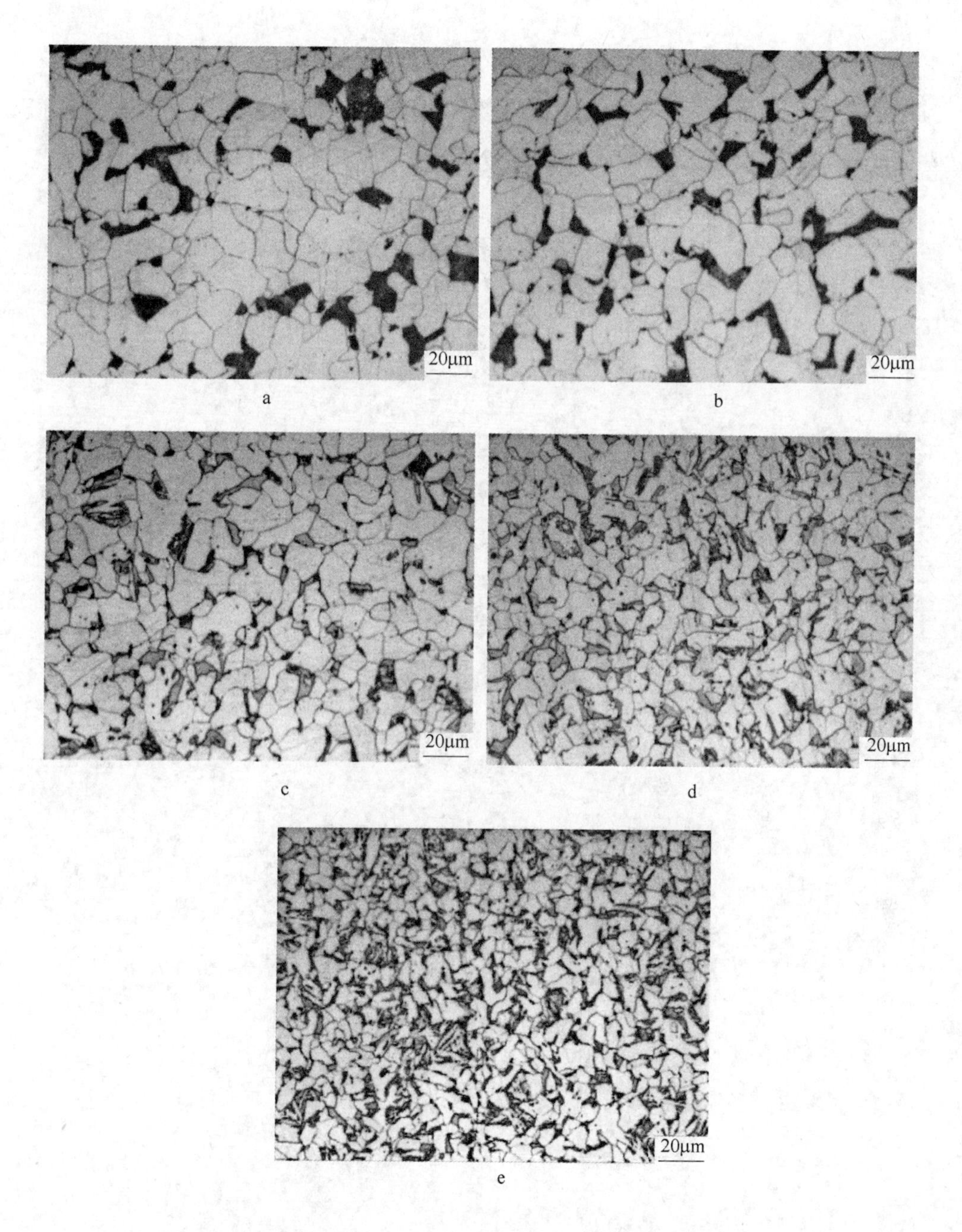

图3-11 奥氏体化温度为900℃时冷却后得到的金相组织

a—0.5℃/s；b—1℃/s；c—5℃/s；d—10℃/s；e—20℃/s

程的限制[44]，生长速率较慢，所以铁素体出现了细长的片条状，并且少量存在于晶界位置。

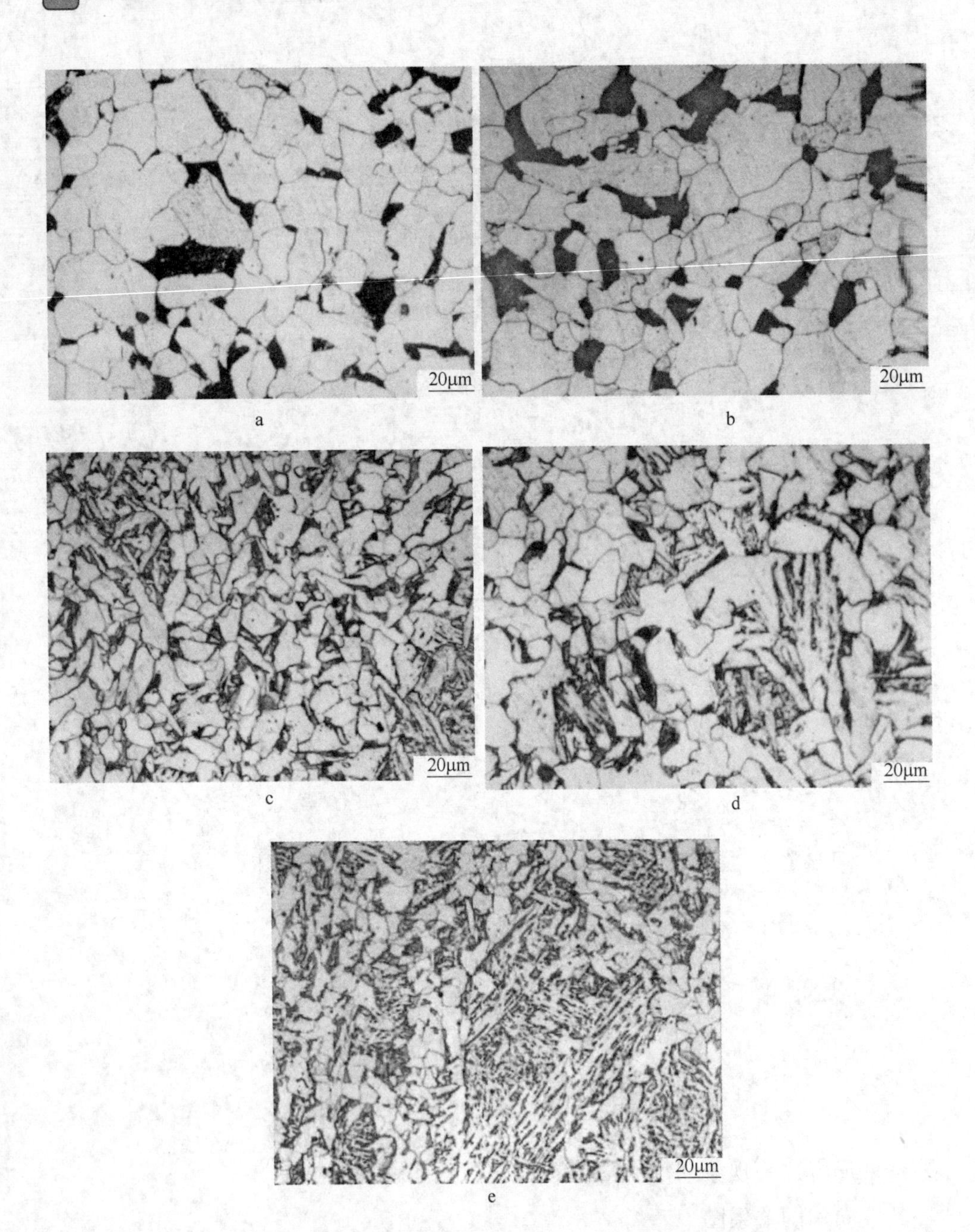

图 3-12 奥氏体化温度为1200℃时冷却后得到的金相组织

a—0.5℃/s；b—1℃/s；c—5℃/s；d—10℃/s；e—20℃/s

然而对于奥氏体化温度为900℃时，奥氏体化程度刚刚完成，还不够充分，多边形铁素体始终大量存在于实验钢的微观组织中，这可以用激发形核

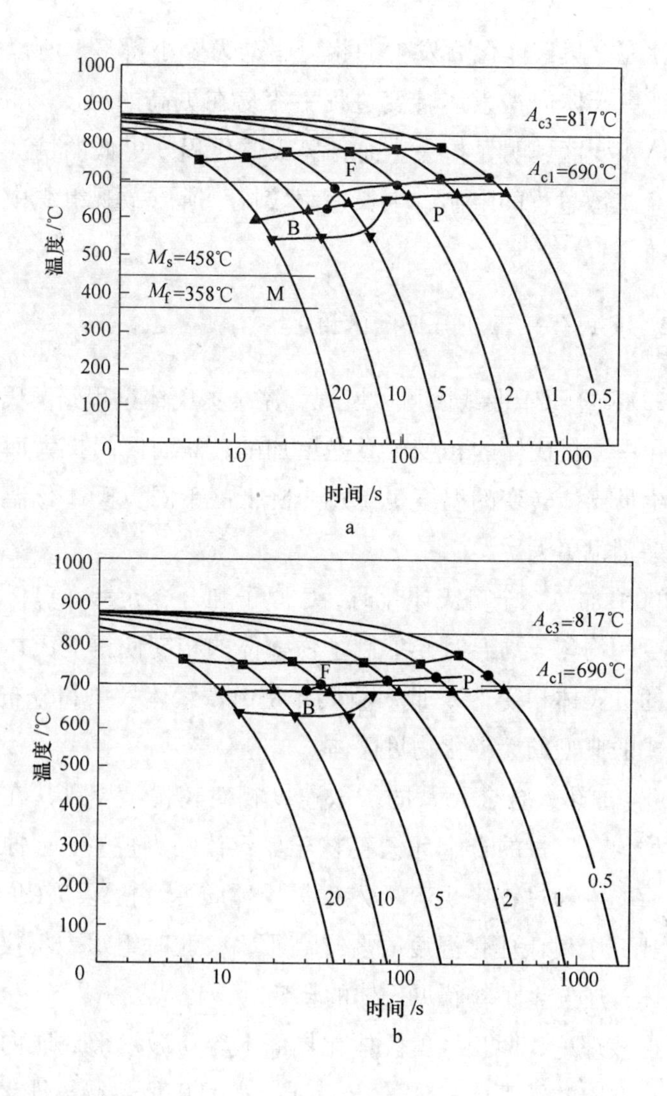

图 3-13 连续冷却转变曲线图

a—900℃；b—1200℃

理论来形容这一现象。文献［45］给出了铁素体激发形核功与新旧铁素体之间的取向角的关系图，铁素体可以在铁素体/奥氏体界面上激发形成，形成的铁素体与母体铁素体取向更为接近，铁素体/铁素体的界面能越低，对铁素体的形核也就更为有利。因此，铁素体/奥氏体界面上易于形成取向接近的铁素体。

同时根据形核功理论，奥氏体化程度低时奥氏体向铁素体转变所需要的相变驱动力比完全奥氏体化后发生的相变驱动力要小得多。所以奥氏体化程度相对低时，奥氏体向铁素体转变过程更容易在更高的温度区间进行，CCT曲线的铁素体相变区域明显扩大。而且奥氏体化程度更低的情况下，铁素体的生长受到C扩散过程的限制，生长速率较快，所以微观组织中始终有大量的铁素体存在。

3.3.3.2 奥氏体化温度与贝氏体相变

从图3-13中的CCT曲线图可以发现，完全奥氏体过程到奥氏体化程度较低的过程变化中，贝氏体的相变区域是增加的，然而区间扩大而体积分数是降低的，发生贝氏体转变的温度也是逐步降低。不同奥氏体化温度得到的贝氏体的形态差别也更大。

对于1200℃加热完全奥氏体化时，C原子和合金元素在奥氏体中的含量较高且分布更为均匀，高温时候抑制了铁素体的相变使得奥氏体在中温阶段发生了大量的贝氏体相变[46]，此时贝氏体是由铁素体板条和分布在其间的残余奥氏体组成的典型的无碳化物贝氏体。

由于900℃加热，合金元素的扩散速度相对较慢，导致其在奥氏体内的分布更为不均匀，大量的合金元素存在于奥氏体晶界位置，C原子扩散速度较快，在随后的冷却过程中更容易发生贝氏体转变，使得B_s（贝氏体开始转变温度点）比完全奥氏体化温度时要提高很多。此时组织中不仅有大量的无碳化物贝氏体，还发生了粒状贝氏体的转变。

由激发形核理论，两相区奥氏体化界面上容易激发形成取向更为接近的铁素体。在有取向的铁素体/奥氏体界面上，若贝氏体保持与铁素体相近的取向，使界面能尽可能地降低，则有利于贝氏体的形成。激发形核产生的关键是因为铁素体/铁素体的界面能较低使得系统能量降低，在晶界铁素体/原奥氏体界面上，取向与晶界铁素体越接近，贝氏体形核需克服的势垒越低。所以贝氏体可以在存在取向关系的晶界铁素体/原奥氏体界面上直接形核，且与铁素体保持一致[47]。

因此，奥氏体程度较低的情况时，奥氏体向贝氏体转变所需的相变驱动力比完全奥氏体化后的转变要小，但是奥氏体化程度较低使得奥氏体内的碳含量增加，贝氏体相变受到抑制。从我们所获得的实验结果分析，奥氏体化程度较低的情况下，贝氏体相变温度提高，但是相变温度区间确实扩大。这说明碳含量的影响更为主要，而相变驱动力的影响相对来说弱化。

3.3.3.3 奥氏体化温度与珠光体相变

珠光体相变驱动力只受合金元素在初始奥氏体内富集程度的影响[48]，随着奥氏体化温度的降低，CCT 图中的珠光体相变开始点也在逐渐降低。900℃加热时，由于合金元素在奥氏体内的分布更为不均匀，大量合金元素在奥氏体晶界富集，使珠光体相变驱动力降低，即使在冷速大于 1℃/s 时仍有珠光体的转变，相变区间较完全奥氏体化过程有所扩大。

3.3.3.4 奥氏体化温度与马氏体相变

从金相组织与 CCT 曲线可以看出，900℃时在冷却速度为 20℃/s 出现了马氏体，而完全奥氏体化过程时组织还是铁素体 + 贝氏体。

马氏体的相变过程是非扩散型相变，所以马氏体相变驱动力只受到合金元素在初始奥氏体内的富集程度的影响。同时相对于第 2 章中所测得的实验钢的 M_s 点来说，马氏体开始转变温度降低了。这是因为 900℃加热时，奥氏体晶界位置富集了高的合金元素，马氏体相变驱动力降低[48]，这就解释了为什么马氏体转变温度相对于第 2 章的要降低的原因。同时，部分奥氏体化时，初始奥氏体中平均碳含量较高，而相同条件下碳含量越高，马氏体相变驱动力越低。

3.4 本章小结

奥氏体化温度越低，相变前的奥氏体晶粒尺寸越细小。减小相变前奥氏体晶粒尺寸，能够同时促进棱边铁素体析出量和析出速度。所以，奥氏体晶粒越细小，棱边铁素体的析出速度相对越快，棱边铁素体析出饱和时对应的体积分数越大。

冷却速度增大，相变总时间显著缩短，相变速度明显加快，同时冷却速度增加铁素体体积分数中棱边形核占比高，且析出快。

奥氏体化温度越低，铁素体相变温度提高，铁素体更易析出，同时在未完全奥氏体化的情况下，后续相变过程中的铁素体始终大量存在。完全奥氏体过程到奥氏体化程度较低的过程变化中，贝氏体的相变区域是增加，然而区间扩大而体积分数是降低的，发生贝氏体转变的温度也是逐步降低，这说明碳含量的影响更为主要，而相变驱动力的影响相对来说要更为弱化。随着奥氏体化温度降低，珠光体相变与马氏体相变区间均得到扩大。

4 实验室热轧实验研究

在绪论中已经提及，目前，传统热轧双相钢的生产方法可分为中温卷取型热轧法和低温卷取型热轧法。但各有缺点：采取中温卷取型热轧法生产双相钢时，钢中必然要加入 Cr，Mo 等合金元素，增加生产成本；而采取低温卷取型热轧法时，由于轧后冷却工艺的复杂性，使其较难控制，难以得到均匀稳定的组织，且成分中元素 Si 的含量较高，造成钢板表面质量较差。

本章以低 Si-Cr 成分为研究对象，通过对元素 Si 和 Cr 进行不同含量的添加，着重研究元素 Si 和 Cr 对力学性能以及组织的影响，通过制定合理的热轧工艺参数，简化冷却工艺流程，研制低成本高强度热轧双相钢，并主要分析终轧温度以及超快冷温度对实验钢力学性能以及微观组织的影响规律。

4.1 实验材料及方法

4.1.1 实验材料

本章采用 3 种成分的实验钢，其具体成分见表 4-1。

表 4-1 实验钢化学成分（质量分数，%）

编　号	C	Si	Mn	P	S	Cr
1 号	0.050	0.205	1.45	0.022	0.005	0.237
2 号	0.064	0.392	1.42	0.020	0.004	0.239
3 号	0.072	0.204	1.38	0.019	0.005	0.423

4.1.2 实验工艺

轧制过程在东北大学轧制技术及连轧自动化国家重点实验室的 ϕ450mm × 450mm 二辊可逆热轧实验机组上进行。钢坯初始厚度为 70mm，成品厚度 3.5mm。为模拟 CSP 现场的压缩比，压下量分配为：70mm—39mm—21mm—

13mm—8mm—6mm—4.5mm—3.5mm。前几道次尽量增加压缩比，后几道次在保证一定的压下量时候，使得钢板能平稳过渡。

坯料在箱式电阻炉中加热到1200℃，保温1h后轧制。实验室第一次轧制实验工艺设定如表4-2所示，主要研究元素Si和Cr对实验钢力学性能与组织的影响；实验室第二次轧制实验工艺设定如表4-3所示，主要研究终轧温度、出超快冷温度对实验钢力学性能与组织的影响。

表4-2 第一次轧制工艺参数

钢 号	开轧温度/℃	终轧温度/℃	出UFC温度/℃	空冷时间/s	卷取温度/℃
1-1	1150	820	710	6	100
1-2	1150	825	710	6	100
1-3	1150	825	720	6	100

表4-3 轧制工艺参数

钢 号	开轧温度/℃	终轧温度/℃	出UFC温度/℃	空冷时间/s	卷取温度/℃
2-1	1150	780	670	6	100
2-2	1150	810	660	6.3	100
2-3	1150	830	670	6	100
3-1	1150	840	680	8	100
3-2	1150	840	700	7	100
3-3	1150	845	720	6.5	100

4.1.3 组织观察与力学性能检测

实验完成后，从热轧板中部切取金相试样，经研磨、抛光后分别采用4%（体积分数）的硝酸酒精溶液和Lepera试剂腐蚀，用以观察铁素体和马氏体组织的形貌和分布。金相组织和两相含量通过LEICAQ550IW型图像分析仪进行观察和测定。铁素体晶粒尺寸采用割线法来测定。沿板纵向切取3个板状拉伸试样，加工成标准试样进行拉伸实验，测定力学性能。

4.2 实验结果与分析

4.2.1 化学成分对性能与组织的影响

从图4-1可以发现，在相同工艺的情况下不同化学成分对实验钢的力学性能具有显著的影响。其中元素 Si 和 Cr 的添加均使得屈服强度和抗拉强度得到提高，而伸长率下降。在该工艺下，1 号实验钢的屈服强度为 305MPa，抗拉强度为 530MPa，屈强比为 0.58，n 值为 0.2，伸长率为 26%；2 号实验钢的屈服强度为 355MPa，抗拉强度为 625MPa，屈强比为 0.57，n 值为 0.2，伸长率为 20%；3 号实验钢的屈服强度为 345MPa，抗拉强度为 610MPa，屈强比为 0.56，n 值为 0.2，伸长率为 21%。2 号和 3 号实验钢的力学性能均符合 DP580 的标准要求，而 1 号实验钢的力学性能不符合 DP580 的标准要求。

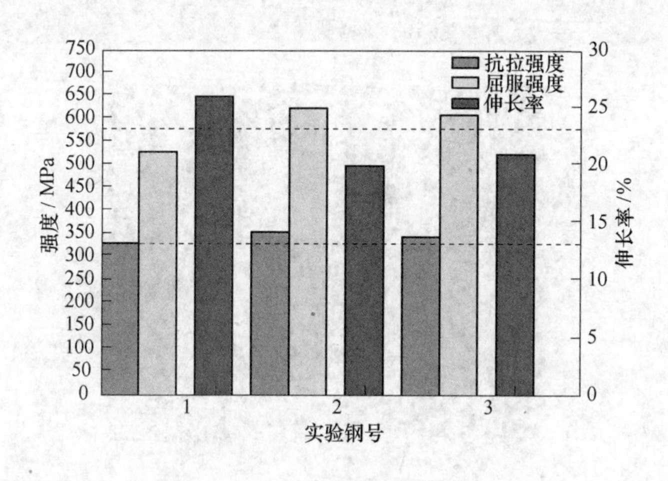

图 4-1 不同成分的实验钢的力学性能

元素 Si 和 Cr 的添加对力学性能的提升是显著的，同时发现，元素 Si 和 Cr 元素均由 0.2% 提高到 0.4% 的情况下时，增加元素 Si 的实验钢屈服强度提高了 50MPa，抗拉强度提高了 95MPa；而增加合金元素 Cr 的屈服强度提高了 40MPa，抗拉强度提高了 80MPa。显然，元素 Si 对力学性能的提高作用要优于加合金元素 Cr，但二者实际相差并不是很大。从图 4-2 所获得的金相组织可以发现，三种工艺下的金相组织均主要为铁素体 + 马氏体，增加元素 Si 和 Cr 后，马氏体的体积分数明显增加。这也是力学性能明显提高的原因。

4.2.2 终轧温度对性能和组织的影响

实验钢的力学性能如图 4-3 所示，可以发现，随着终轧温度的提高，屈服强度和抗拉强度均呈现降低趋势，伸长率则是先降低后增加。实验钢拉伸

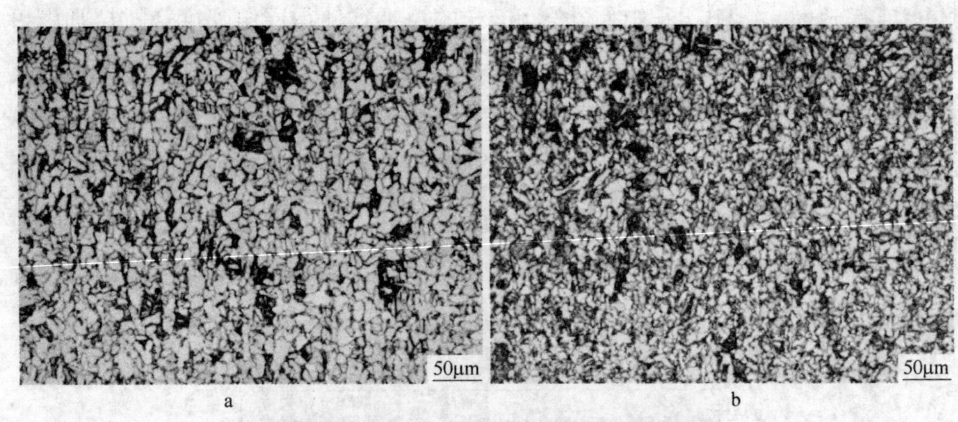

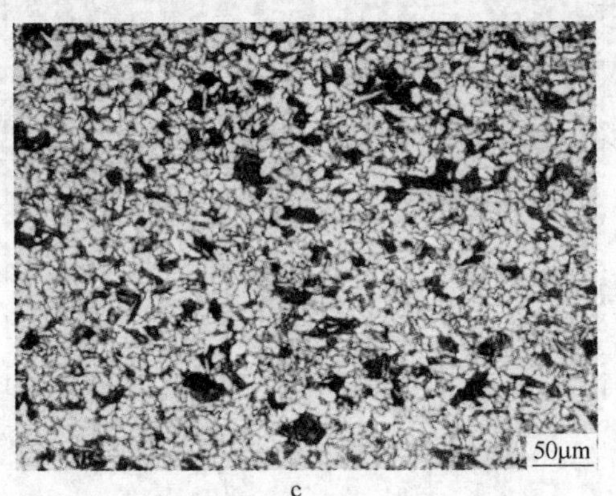

图 4-2　实验钢的金相组织

a—1 号；b—2 号；c—3 号

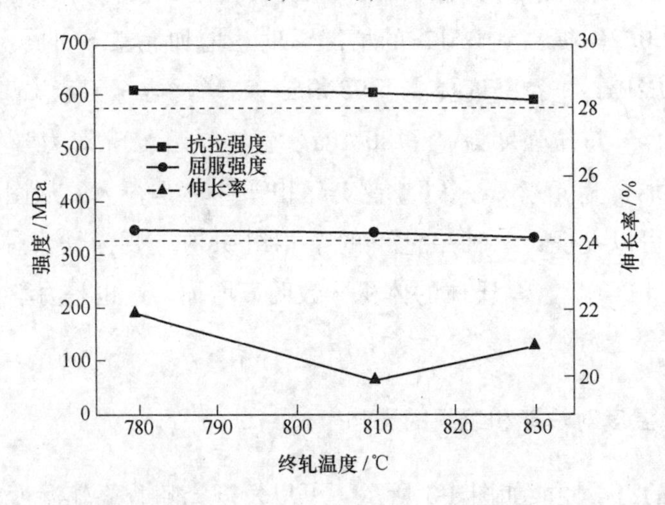

图 4-3　终轧温度对实验钢力学性能的影响

曲线平滑，无屈服平台，为连续屈服。当终轧温度为780℃时，屈服强度为350MPa，抗拉强度为615MPa，伸长率为22%，屈强比为0.57，n值为0.21；当终轧温度为810℃时，屈服强度为345MPa，抗拉强度为610MPa，伸长率为20%，屈强比为0.56，n值为0.21；当终轧温度为830℃时，屈服强度为335MPa，抗拉强度为595MPa，伸长率为21%，屈强比为0.56。当终轧温度由830℃降到780℃时，屈服强度提高了15MPa，抗拉强度提高了20MPa，伸长率变化不大，整体来说强度提高而伸长率变化不大，在此工艺范围内，力学性能均符合DP580的标准要求。从图4-4可以看出，实验钢的金相组织主要为铁素体+马氏体，随着终轧温度的降低，铁素体晶粒尺寸略微降低。通过透射电镜观察到的试样的组织，发现铁素体中具有较高密度的位错，而马氏体的精细结构为板条马氏体，见图4-5。

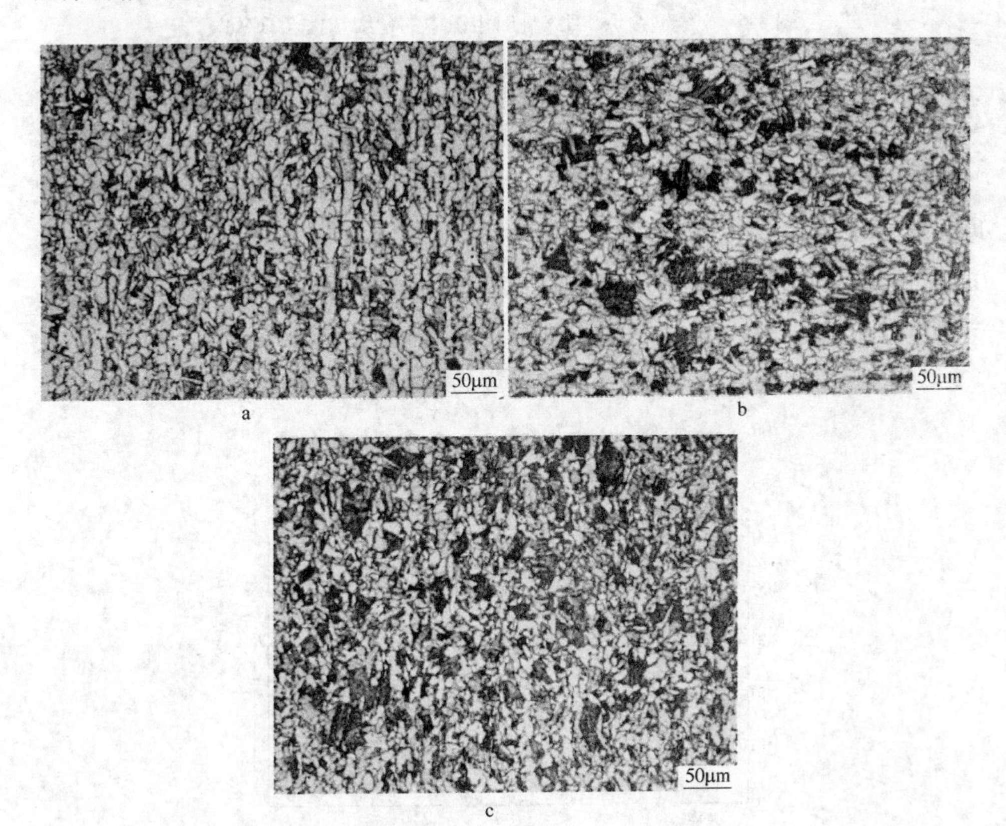

图4-4　实验钢的金相组织

a—780℃；b—810℃；c—830℃

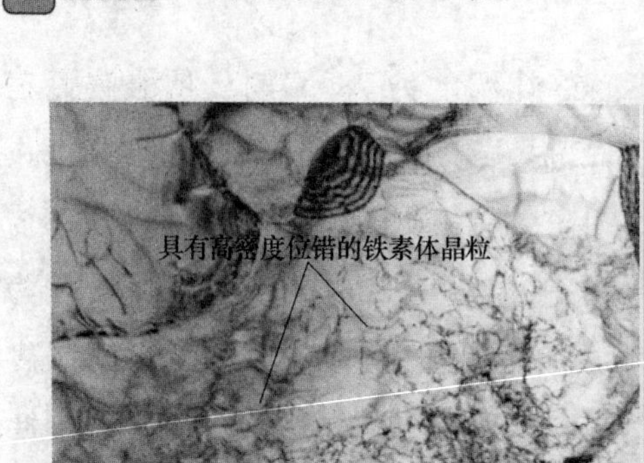

图 4-5 3 号钢在 780℃终轧时组织中的精细结构（TEM）

4.2.3 超快冷出口温度对性能和组织的影响

实验钢的力学性能如图 4-6 所示，当超快冷出口温度为 680℃时，屈服强度为 355MPa，抗拉强度为 615MPa，伸长率为 24%，屈强比为 0.58，n 值为 0.2；当超快冷出口温度为 700℃时，屈服强度为 345MPa，抗拉强度为 610MPa，伸长率为 22%，屈强比为 0.57，n 值为 0.2；当出超快冷温度为 720℃时，屈服强度为 335MPa，抗拉强度为 600MPa，伸长率为 21%，屈强比

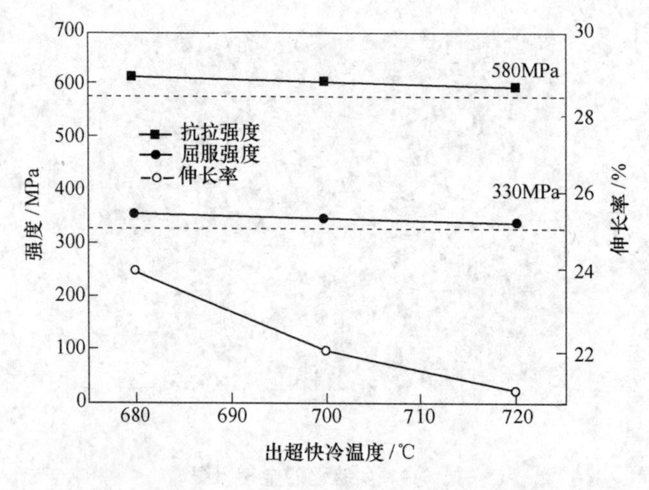

图 4-6 出超快冷温度对力学性能的影响

为0.56，n值为0.2。

当出超快冷温度由720℃降到680℃时，屈服强度提高了25MPa，抗拉强度提高了15MPa，伸长率变化不大，而当出超快冷温度为680℃时，伸长率高。在此工艺范围内，实验钢的力学性能均符合DP580的标准要求。从图4-7、图4-8可以看出，实验钢的金相组织主要为铁素体+马氏体。

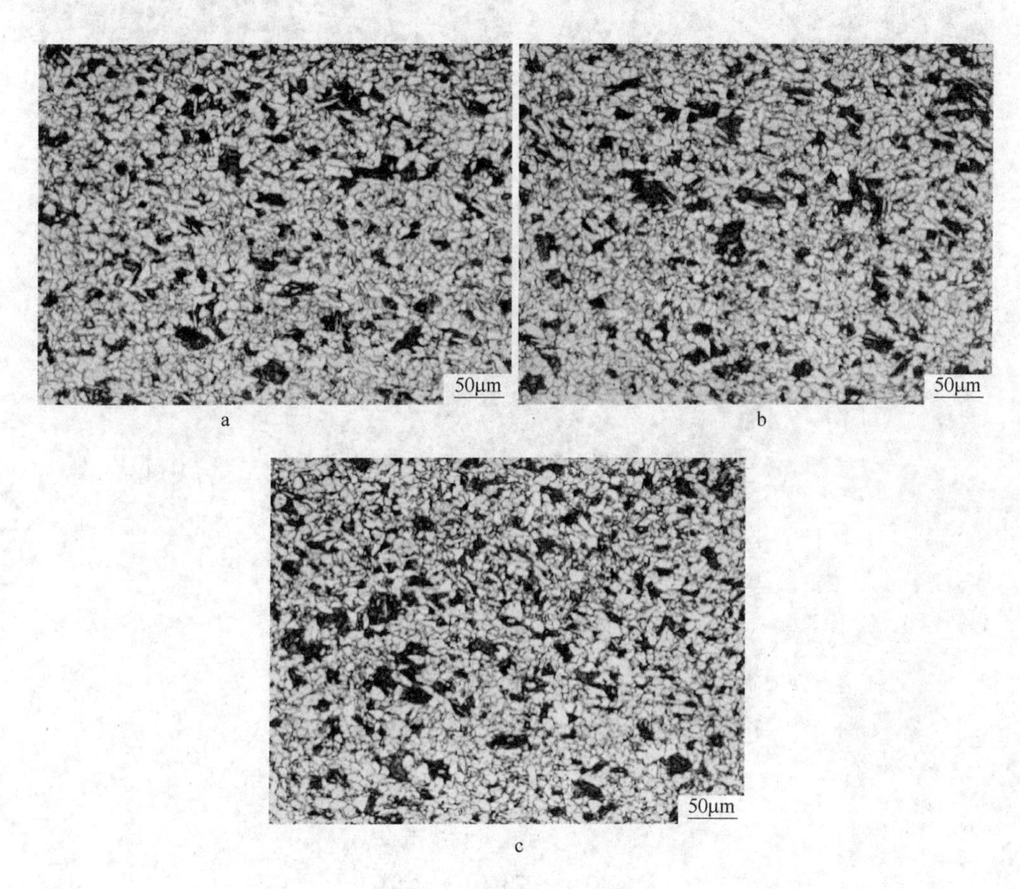

图4-7 实验钢的金相组织

a—680℃；b—700℃；c—720℃

采用透射电镜观察，在终轧温度840℃下，组织中出现了少量的马氏体岛，其弥散分布于铁素体晶界处。在超快冷出口温度680℃时，组织中的铁素体位错密度较高，见图4-9a，其中靠近马氏体岛的位错为奥氏体转变为马氏体时发生切变和体积膨胀造成的，而铁素体内部的位错可能是轧制变形时生成的位错保留下来的；在超快冷出口温度为720℃时（图4-9b），铁

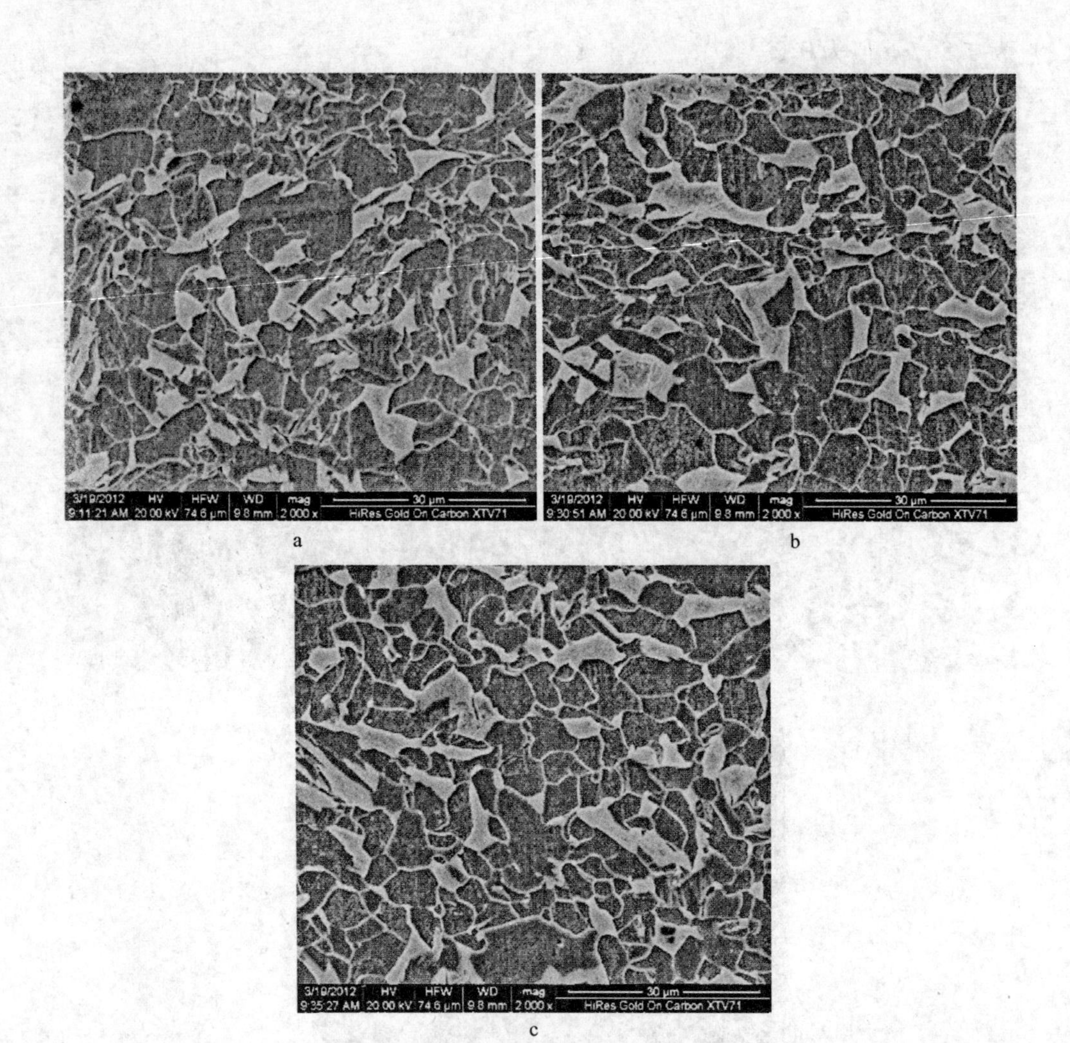

图 4-8　实验钢的扫描组织

a—680℃；b—700℃；c—720℃

素体中位错密度降低，观察到少量孪晶马氏体的存在，孪晶马氏体的存在对钢材的强度提升有较大作用，但其对延性有不利影响，如果马氏体的精细结构为板条，则拉伸变形时会在马氏体和铁素体的界面上萌生孔洞，然后聚合产生延性断裂，若马氏体的精细结构为孪晶，且马氏体体积分数较高时，则会发生孪晶马氏体断裂，然后引起铁素体的解理，以脆性方式发生断裂。

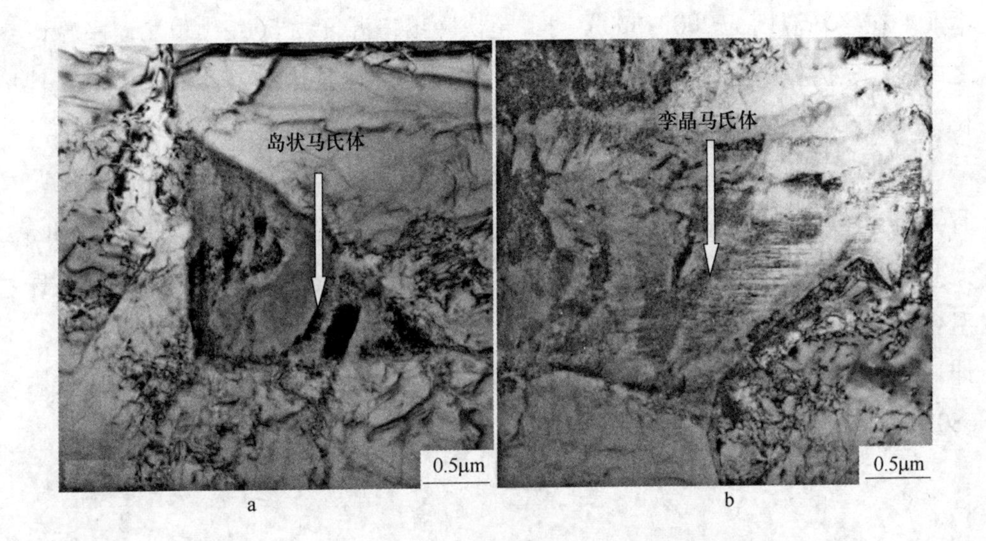

图 4-9 3 号钢组织中的精细结构（TEM）

a—680℃；b—720℃

4.3 本章小结

本章通过实验室热轧实验，研究了化学成分、终轧温度、超快冷出口温度等因素对三种实验钢组织和性能的影响。通过对各工艺条件下实验钢组织的观察和性能的测定，得到的研究结果如下：

（1）对于 1 号实验钢，终轧温度为 820℃，超快冷出口温度为 710℃，空冷后层冷到 100℃时，屈服强度和抗拉强度均低于 DP580 的标准要求，而伸长率良好；而对于 2 号实验钢，元素 Si 含量添加将近一倍后，屈服强度为 355MPa，抗拉强度为 625MPa，屈强比为 0.57，n 值为 0.2，伸长率为 20%，符合 DP580 的标准要求；对于 3 号实验钢，合金元素 Cr 含量添加将近一倍后，屈服强度为 345MPa，抗拉强度为 610MPa，屈强比为 0.56，n 值为 0.2，伸长率为 21%，同样符合 DP580 的标准要求，同时对比分析可以得到元素 Si 对强度的提高作用要优于合金元素 Cr 的作用，在此工艺窗口，能得到符合 DP580 要求的双相钢。

（2）对于 3 号实验钢而言，终轧后采用超快冷 + 空冷 + 层冷的冷却工艺时，随着终轧温度的升高，实验钢的强度和屈强比降低，伸长率和 n 值变化不大。在终轧温度为780～830℃时，超快冷出口温度为660～670℃，保温6s之内时。实验钢的屈服强度为335～350MPa，抗拉强度为615～595MPa，伸长率为20%～22%。力学性能符合DP580的标准要求。

（3）对于3号实验钢而言，终轧后采用超快冷＋空冷＋层冷的冷却工艺时，随着超快冷出口温度的升高，实验钢的强度和屈强比降低，伸长率和n值变化不大。在超快冷出口温度为680～720℃，终轧温度为840～845℃，保温6s之内时。实验钢的屈服强度为335～355MPa，抗拉强度为615～600MPa，伸长率为21%～24%。力学性能符合DP580的标准要求，超快冷出口温度为680℃时，得到的力学性能最佳。

5 热轧双相钢超快冷工艺参数的设计[49]

许多因素影响双相钢的生产工艺[50]，比如化学成分，临界退火温度或时间，初始显微组织等。本章主要介绍超快冷工艺在双相钢生产上的几个工艺参数的设计。

5.1 双相钢的控制冷却过程

根据双相热处理过程的不同双相钢可分为热处理双相钢；热轧和冷轧双相钢。热轧双相钢所需的设备相对简单，并且节省生产消耗。因此热轧双相钢发展得更为广泛一些。

通常双相钢的轧制和冷却过程应满足以下条件[51]：(1) 足够的铁素体生成；(2) 抑制珠光体的产生；(3) 抑制贝氏体的产生；(4) 残余奥氏体转变为马氏体。

首先必须能够生产足够量的铁素体。轧制过程加速了形核，所以随后的冷却中很快生成铁素体。为了避免珠光体和贝氏体的形成和考虑到冷却区长度的限制冷却过程应尽可能快。通常带钢在空气中停留片刻以产生足够量的铁素体。终冷温度应该低于 M_s 温度，以确保残余奥氏体转变为马氏体。根据冷却工艺的要求，两阶段冷却制度常常被应用在双相钢的生产上，见图 5-1。

比较合理的冷却速度是在 60 ~ 200℃之间。超快冷工艺被应用在双相钢的生产上[52]。在一些钢厂，对层流冷却系统进行改造，增加了超快冷设备，其经济效益可观，具有可行性[53]。

5.2 冷却过程参数设计

冷却过程参数包括终轧温度、中间温度、终冷温度、过钢速度等，是冷却过程的重要控制目标。

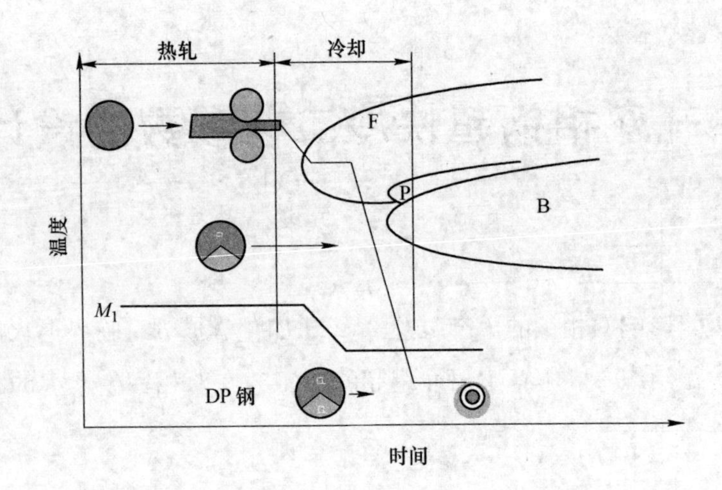

图 5-1 双相钢的冷却过程

5.2.1 中间温度

水冷过程中轧件通常在空气中冷却几秒钟以生成足够铁素体，见图 5-1。应该在尽可能短的时间里得到准确量的铁素体。根据 Avrami 方程 $X = 1 - \exp(-btn)$转变速度取决于参数 n 和 b。n 由化学成分和转变类型决定，近似常数。有文献表明，n 值在相变的开始和结束有明显的波动[54]。b 值是温度，孕育期等的函数。当转变温度接近鼻温时，转变速度最快。因此中间温度应尽可能在鼻温附近。

5.2.2 中间空冷时间

中间空冷时间决定了铁素体在有限的冷却区内的生成量，但又被冷却区长度限制，是决定产品组织组成的一个重要控制参数。双相钢的理想铁素体含量是 80% ~90%。根据 Avrami 方程，4mm 厚轧件在 850℃终冷温度条件下，在不同的中间温度下得到的铁素体体积分数，见表 5-1。可见，在 5 ~7s 内铁素体的含量满足要求，尤其是冷却 6s 所得到的铁素体含量是最佳的。此前，铁素体生成速率很快。

图 5-2 描述了相变驱动力曲线。根据这些曲线和目标铁素体量可以确定中间空冷时间。从图 5-2 上看，中间空冷时间在 5 ~6.4s 内能生成 80% ~

90%的铁素体。在这段时间内相变速度随时间变慢。

表 5-1 不同空冷时间下的铁素体体积分数

空冷时间/s	中间温度/°C			
	727.6	726.8	724.9	722.8
4	70.86	70.56	69.79	68.79
5	81.43	81.18	80.49	79.62
6	88.61	88.41	87.86	87.16
7	93.24	93.09	92.69	92.16
8	96.12	96.01	95.73	95.35
9	97.83	97.76	97.57	97.31

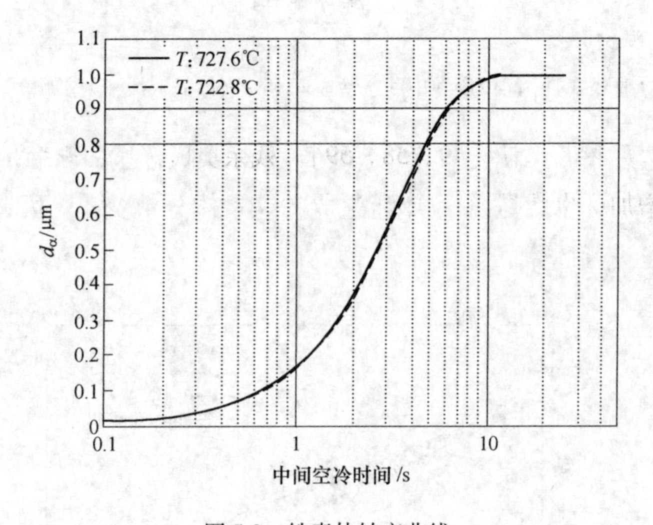

图 5-2 铁素体转变曲线

理想的中间空冷时间应确保轧件断面上的铁素体分布均匀且在目标范围内。同时，中间空冷时间应保证尽可能短以缩短冷却区长度。此外，铁素体晶粒尺寸随中间空冷时间和中间温度的提高而增大，见图 5-3，计算方法见参考文献［55］。

5.2.3 卷取温度

卷取温度应该低于 M_s 以确保残余奥氏体能完全转变成马氏体。首先要准确地计算 M_s，该值随铁素体体积分数变化。M_s 随残余奥氏体中的碳含量增加而降低，计算结果见图 5-4。点划线是根据热动力学理论回归得到的[56,57]，

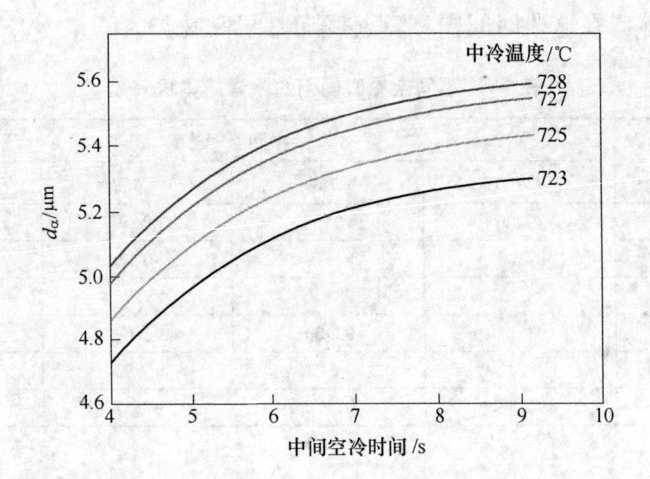

图 5-3　中间温度和中间空冷时间对铁素体晶粒尺寸的影响

其他计算方法见参考文献［49，58，59］。残余奥氏体中的碳含量随铁素体含量的增加而增加，也就是说，M_s 随生成的铁素体分数变化。因此 M_s 必须根据动态碳含量进行计算。

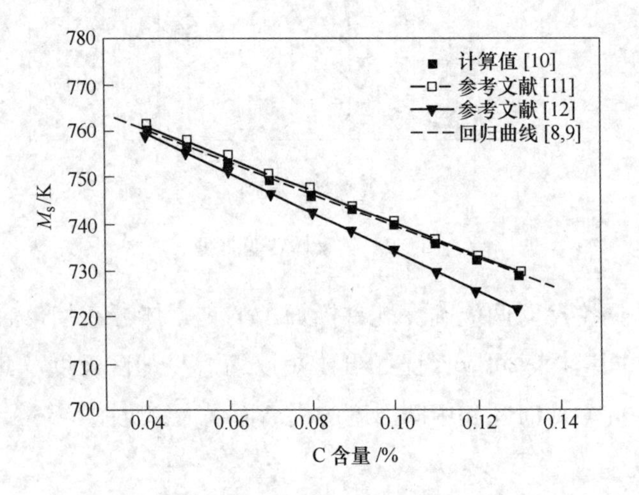

图 5-4　M_s 的不同计算方法比较

残余奥氏体中平均碳含量可以表示为

$$\bar{x}_C = \frac{x_C - X_F x_\alpha}{1 - X_F} \tag{5-1}$$

式中　$\bar{x}_C$——残余奥氏体中的碳含量；

x_C，x_α——初始碳含量和铁素体中的碳含量；

X_F——形成的铁素体分数。

根据式 5-1 可以计算奥氏体中碳含量和形成铁素体分数的关系，见图5-5。M_s 随初始碳含量的增加和形成的铁素体分数增加而降低，见图 5-6。

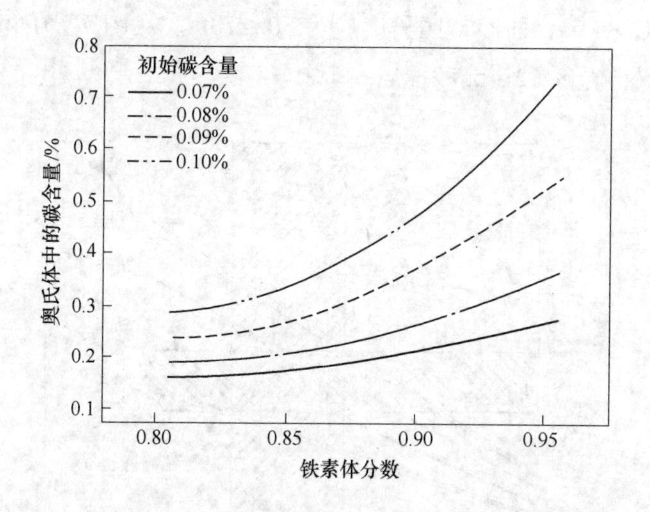

图 5-5 残余奥氏体中的碳含量与生成的铁素体分数的关系

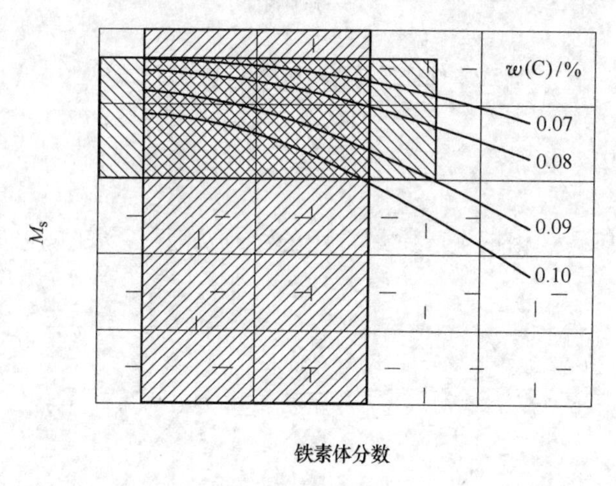

图 5-6 铁素体分数和初始碳含量对 M_s 的影响

5.2.4 轧件通过速度

当中间空冷时间根据目标铁素体含量被确定下来且冷却速度根据 CCT 相

图和冷却能力被确定下来后，轧件的通过速度受轧机限制，轧件的通过速度决定了冷却区的长度，同时该速度又受轧机的限制。

一方面，轧件速度应尽可能快以提高生产效率，另一方面，轧件速度应尽可能低以缩短冷却区长度。当冷却策略如图 5-1 所示时，理想的轧件通过速度应该是 12 ~ 16s，而冷却区长度应为 50 ~ 70m。从图 5-7 中可以看出，轧件速度最好保持在 3. 12 ~ 5. 83m/s。

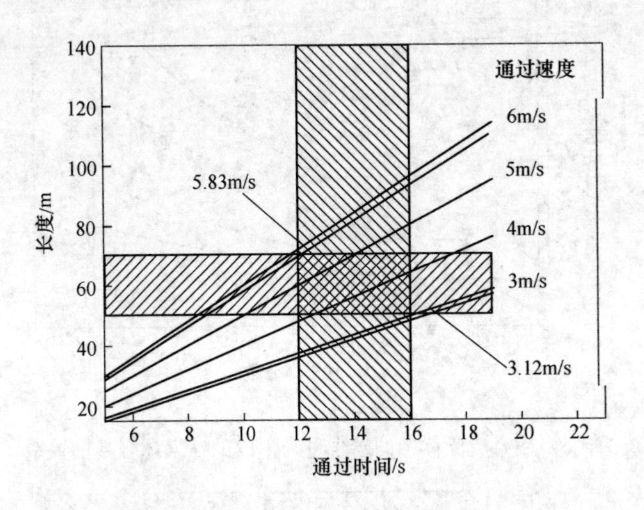

图 5-7 轧件通过速度和冷却区长度的关系

5. 3 在线应用

两阶段冷却是双相钢生产中最常用的冷却方法。冷却规程如图 5-8 所示。

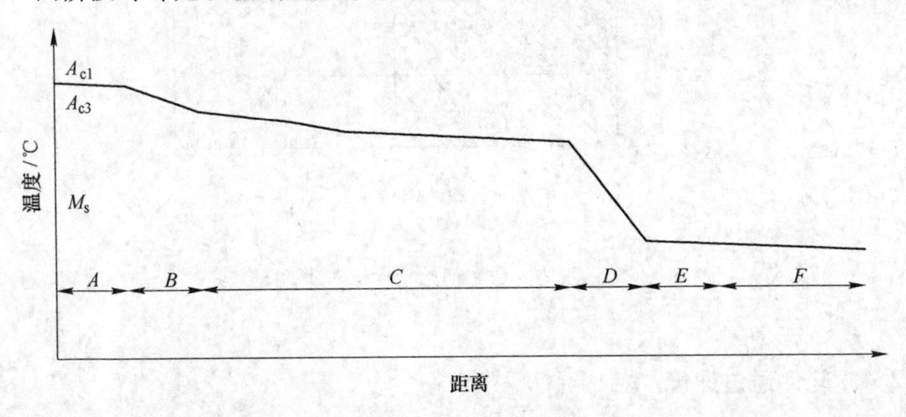

图 5-8 双相钢冷却规程

3.2mm 轧件断面上的硬度分布见表 5-2。可以看出，越接近表面，硬度值越高，这是因为表面处冷却速度大，生成更多的马氏体。铁素体晶粒尺寸大约 5μm，屈服强度是 484MPa，抗拉强度 635MPa，伸长率 26%。

表 5-2 厚度上的硬度分布

与上表面距离/mm	$HV_{0.5}$	与下表面距离/mm	$HV_{0.5}$
0.20	226	1.80	228
0.40	226	2.00	225
0.60	223	2.20	216
0.80	226	2.40	221
1.00	225	2.60	226
1.20	218	2.80	228
1.40	223	3.00	228
1.60	218	3.20	230

5.4 本章小结

两阶段冷却策略是双相钢生产的最优工艺。CSP 生产线进行改造后仍能满足生产要求。重要的工艺参数决定着产品性能，比如中间温度，中间空冷时间，卷取温度，轧件通过速度等。在线应用结果表明采用该冷却工艺能得到满意的力学性能。

6 热轧双相钢先进生产工艺开发

6.1 HSM 生产线热轧双相钢先进生产工艺开发

6.1.1 化学成分和生产工艺

根据市场对双相钢的需求，热轧坯料选用含微量合金的 C-Mn-Nb-Ti 系，化学成分如表 6-1 所示。板坯规格 1203mm × 150mm，产品厚度 3.5mm。

工业试制的温度规程参考实验室数据制定，见表 6-2。并且在炼钢过程中 C、S 和 P 的含量需要严格控制来保证 M/F 比例和材料塑性。热卷箱用来保证纵向好的温度均匀性。终轧温度需要精确控制，辊道速度尽量低以保证足够的铁素体转变时间。钢在加热炉里的时间可以适当增长些来充分溶解 Nb 元素。生产工艺采用典型的分段冷却模式：即 UFC + 空冷 + 层流冷却。

表 6-1 化学成分（质量分数,%）

C	Mn	S	P	Si	Als	Ti	Nb
0.05 ~ 0.08	1.1 ~ 1.39	< 0.005	< 0.005	0.15 ~ 0.45	0.022 ~ 0.040	0.015 ~ 0.044	0.010 ~ 0.032

表 6-2 温度规程 （℃）

加热温度	粗轧温度	精轧温度	卷取温度	待温温度
1200	1050 ~ 1150	> 770	< 450	610 ~ 730

6.1.2 试制结果分析

6.1.2.1 金相

金相实验采用 4% 的硝酸酒精和 Lepera 试剂进行腐蚀。在 Lepera 腐蚀下，铁素体呈明亮的棕色，而奥氏体和马氏体呈白色，贝氏体呈深色，珠光体呈黑色。通过光学显微镜可以观察分析这些微观组织。

实验室和工业试制得到的微观组织主要含有铁素体和马氏体和微量 M/A。微观组织符合 DP 钢组织要求，铁素体晶粒大小为 6 ~ 10μm。

图 6-1 和图 6-2 为采用硝酸酒精腐蚀后的金相照片，可以看出钢板表面和中心位置的马氏体量没有明显区别，可见钢板厚度上冷却比较均匀。

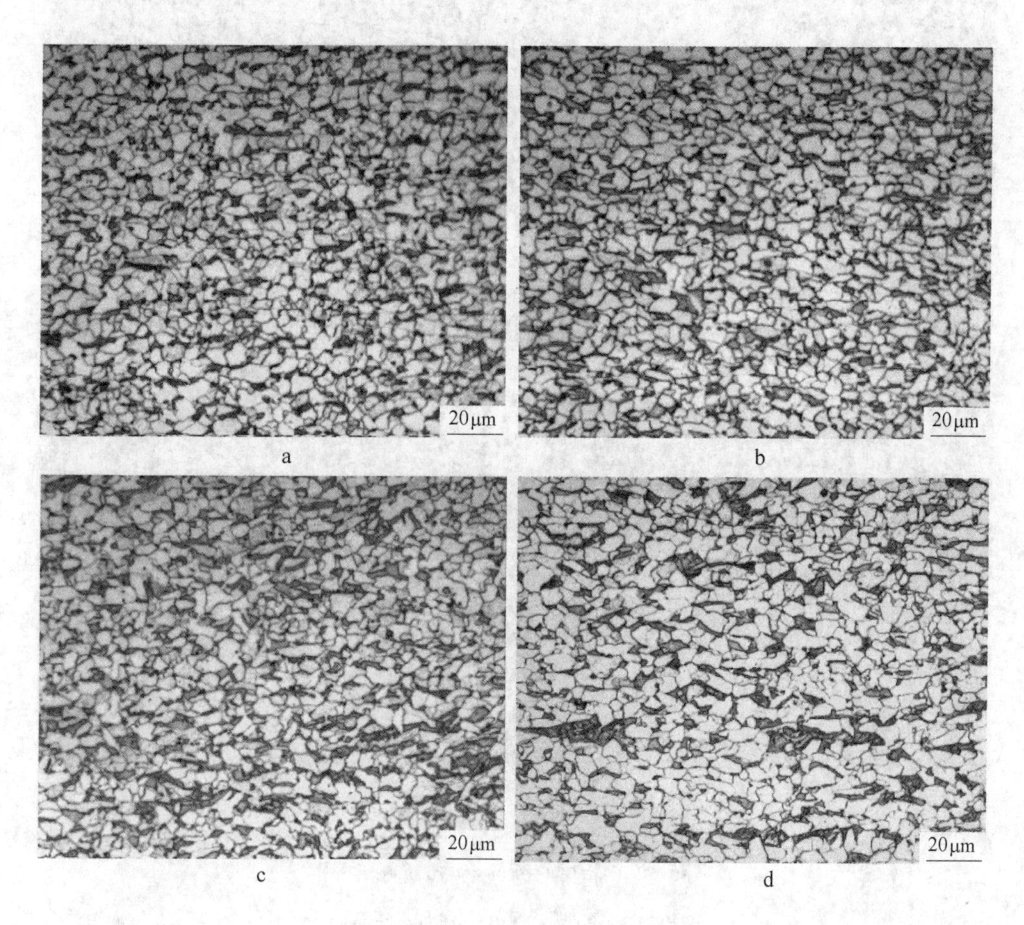

图 6-1　试制产品各个部位的金相组织

a—中心横向；b—中心纵向；c—边部纵向；d—四分之一纵向

图 6-3 是 Lepera 腐蚀金相照片，可以清晰地看出马氏体的存在，且马氏体含量较高。

6.1.2.2　精细结构

从 TEM 观察结果可以看出，在铁素体内有很多微小析出物。根据 EDS 分

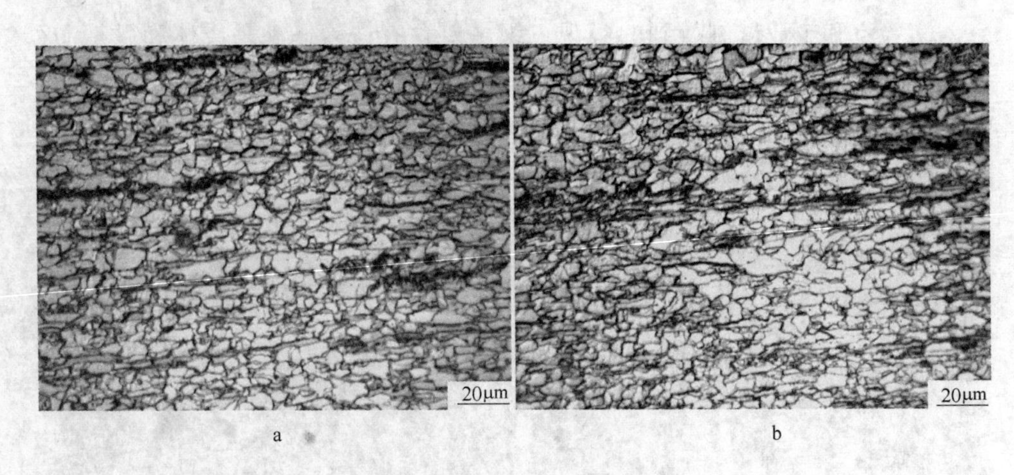

图 6-2 钢板中心断面上的金相组织

a—接近表面位置；b—1/2 厚度位置

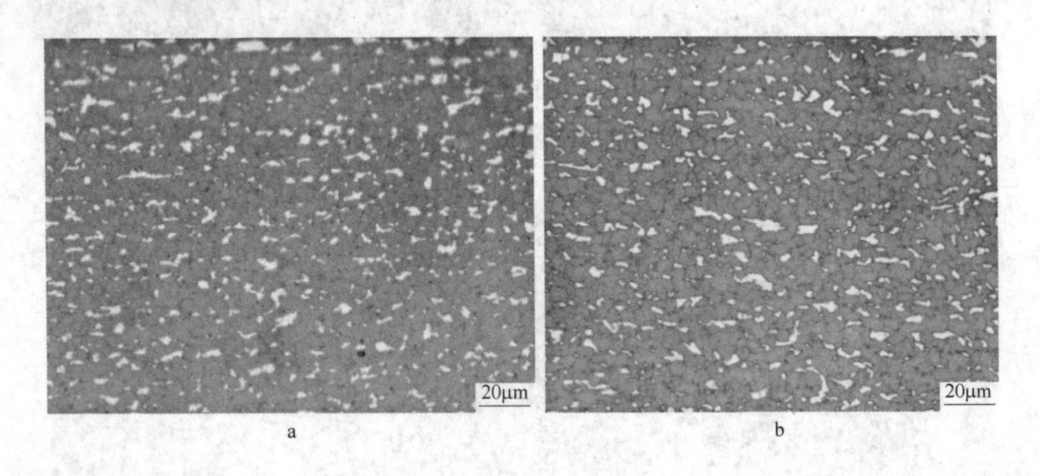

图 6-3 钢板中心断面上的 Lepera 照片

a—接近表面位置；b—1/2 厚度位置

析，这些析出物主要是 TiC 粒子和 Nb、Ti 复合粒子，见图 6-4。析出物为四方形，粒子直径为 40. 7nm。

铁素体晶粒呈多边形有序分布。在晶粒内部和晶界上分布有很多的位错。马氏体百分比大约为 15% ~25%，显微结构呈板条状，见图 6-5。

6. 1. 2. 3 力学性能

试制产品的横、纵向力学性能见表 6-3，实验室试制结果低于现场结果，

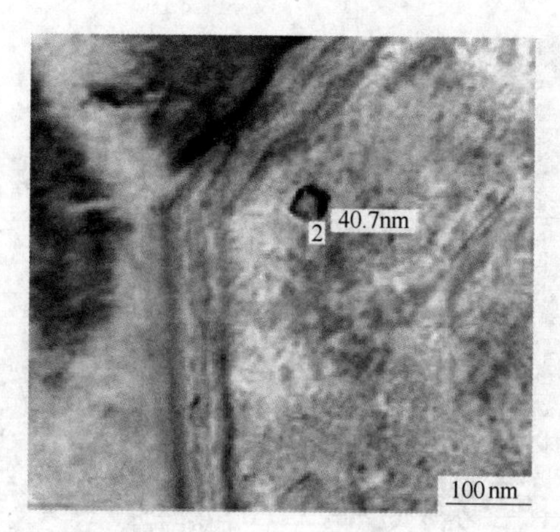

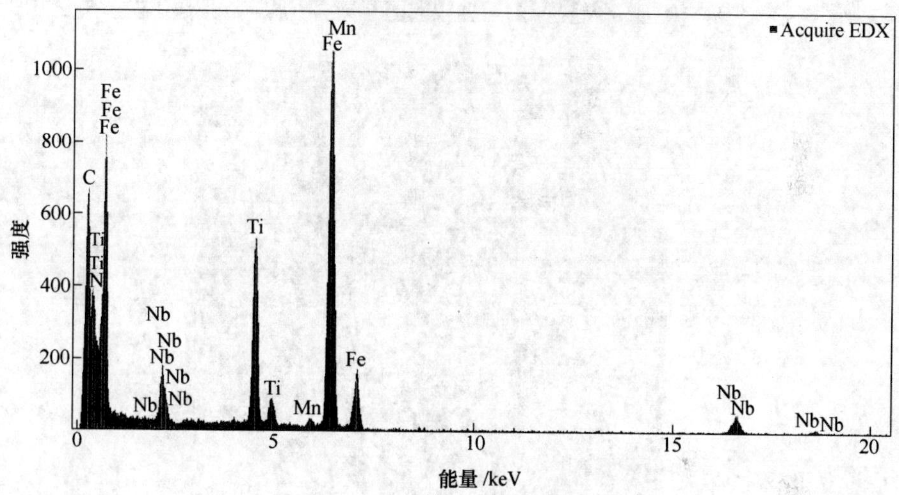

图 6-4 析出相和 EDS 分析（TEM）

这是由于现场压下能力远高于实验室。现场试制产品抗拉强度在 690MPa 以上，屈强比 0.51 ~ 0.59，伸长率 19% ~ 31%。试制结果表明在前置式 UFC 方式下能成功生产低成本 DP700。应力应变曲线表现为连续屈服，初始硬化率较快，呈现良好的线性特征，见图 6-6。在马氏体晶粒形成过程中，晶粒的尺寸迅速膨胀，相邻的铁素体晶粒受到压力而变形。在已变形的铁素体晶粒内部和靠近马氏体的晶界上，分布有很多的可动位错。当双相钢变形后，就有足够多的可动位错，即使在低应力下也可被激活，因此没有屈服行为。如果马氏体含量很小，可能出现没有足够的可动位错，因此就会出现屈服行为，并且抗拉强度降低。

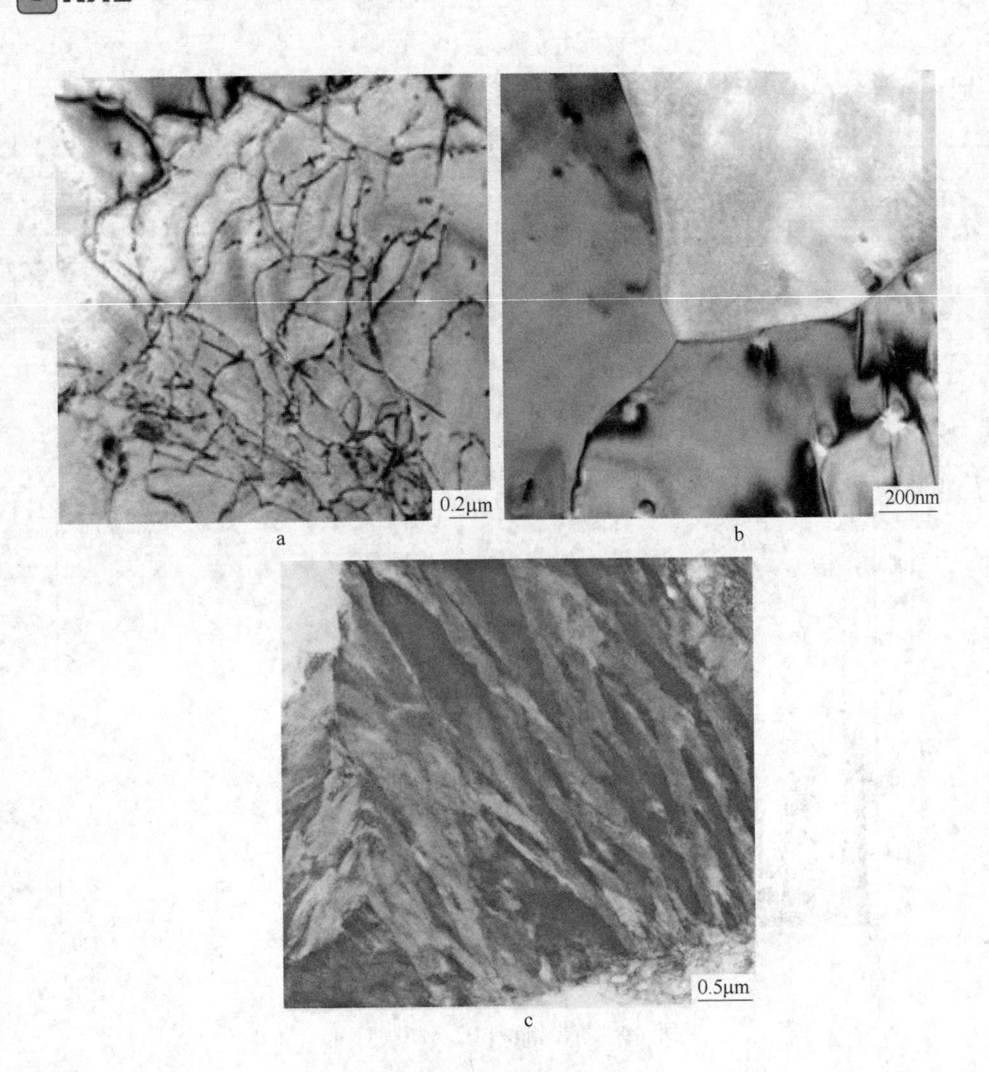

图 6-5 精细组织（TEM）

a—位错；b—多边形铁素体；c—板条马氏体

表 6-3 拉伸试验结果

图片编号	取样位置	抗拉强度/MPa	$R_{P0.2}$/MPa	伸长率/%	屈强比
1-500	中心横向	725	384	19.0	0.53
2-500	中心纵向	710	390	23.5	0.55
3-500	边部纵向	690	359	21.0	0.52
4-500	1/4 宽纵向	730	380	31.5	0.52
4-500	心　部	730	375	28.8	0.51
4-500	边　部	710	415	23.7	0.59

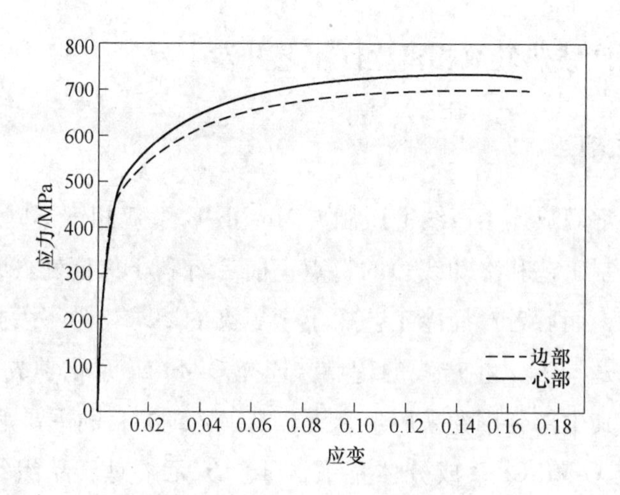

图 6-6 4-500 拉伸曲线

6.1.2.4 讨论

（1）实验室试制和工业试制结果证明了应用前置式 UFC 系统生产 DP 钢的可行性，关键是要精确控制冷却路径，尤其是 UFC 后温度、空冷时间以及卷取温度。空冷时间决定了铁素体体积百分含量，其随着空冷时间增加而增加。在允许的有限范围内，空冷时间须控制得尽可能短，以避开贝氏体形成区间和缩短冷却时间。

（2）在 DP 钢的传统生产工艺中，必须添加一些贵重合金元素，这就毫无疑问地增加了生产成本。而在本研究中，UFC 工艺发挥着关键作用。首先，产品强度可以通过冷却速率及（或者）卷取温度来控制，而不是通过调整化学成分。使用 UFC 工艺可以显著减少合金元素的使用，炼钢过程也因此大大简化。其次，UFC 工艺阻止轧后奥氏体晶粒长大，更加有利于细化铁素体晶粒。细小的多边形铁素体晶粒改善了 DP 钢的韧性。

（3）铁素体中更细小的不溶颗粒阻止晶界移动，抑制了粗大奥氏体的形成。随后当奥氏体转变成其他相时，新相就更加细小。复合粒子也是变形过程中位错移动的阻力，这就提高了钉扎位错引起的变形阻力，减慢了位错移动。同时，随着 Ti 含量的增加，屈服强度和抗拉强度升高，伸长率下降。在邻近奥氏体的铁素体晶粒内有大量的位错，有利于力学性能的提高。

6.2 CSP生产线热轧双相钢生产工艺开发

6.2.1 试制目的

与以往在常规热连生产线上试制C-Mn-Nb-Ti系双相钢不同，CSP生产线具有半无头轧制工艺和冷却线短的特点，前者有利于保证轧件纵向的温度和组织性能均匀，而后者对控冷工艺提出了更高的要求。为了发挥半无头轧制工艺的优点和适应CSP生产线的特点，选择C-Mn-Cr系化学成分，进行双相钢生产试制，其中部分钢卷采用半无头轧制工艺，其目的主要是：

(1) 研究C-Mn-Cr系成分体系下，Si、Cr元素对产品组织性能的影响规律；

(2) 分析冷却工艺的可行性，即终冷温度、中间温度（MT）、空冷时间、冷却速度、卷取温度是否满足工艺和产品组织性能的要求；

(3) 研究C-Mn-Cr系成分和C-Mn-Nb-Ti系成分下，双相钢冷却工艺上的区别；

(4) 研究半无头轧制对产品性能的影响。

6.2.2 化学成分和生产工艺

化学成分如表6-4所示。

表6-4 化学成分（质量分数,%）

C	Si	Mn	P	S	Cr
0.051~0.78	0.05~0.30	1.01~1.23	<0.015	<0.005	0.2~0.68

如图6-7所示，采用三段式冷却工艺，其中UFC后温度、空冷时间和卷取温度是控制的关键点。

本次生产钢水2炉，共200t。累计12块钢卷，生产工艺如表6-5所示。

表6-5 DP钢试制工艺

出炉温度/℃	终轧温度/℃	UFC后温度/℃	卷取温度/℃
1110	780~880	660~750	<350

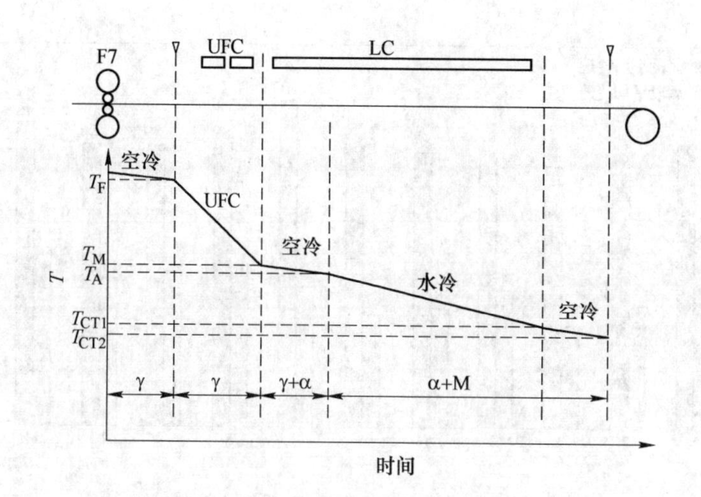

图 6-7 DP 钢试制工艺示意图

各个集管的流量不变，随着轧件厚度的增加，冷却速度呈下降趋势，如图 6-8 所示。

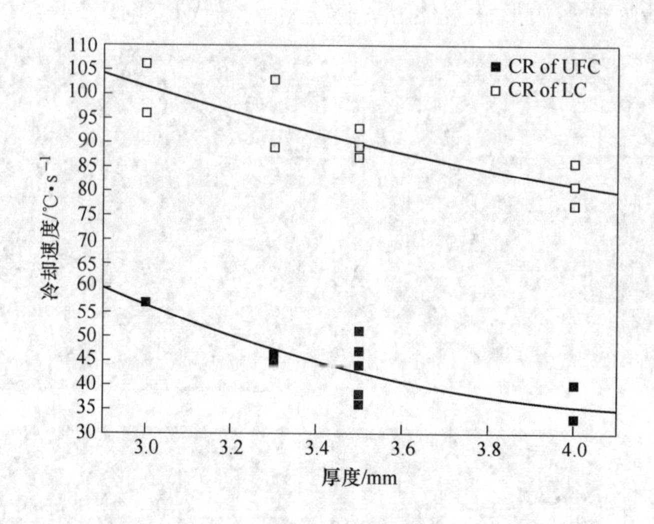

图 6-8 冷却速度随厚度的变化

从图 6-8 和图 6-9 可以看出，后段冷速几乎是前段冷速的两倍。前段超快冷单组集管的冷却速度远远大于后段的冷却速度，但是由于前段超快冷采用间歇开启方式，因而整个超快冷区间的平均冷却速度反而小于后段层冷的平均冷速。

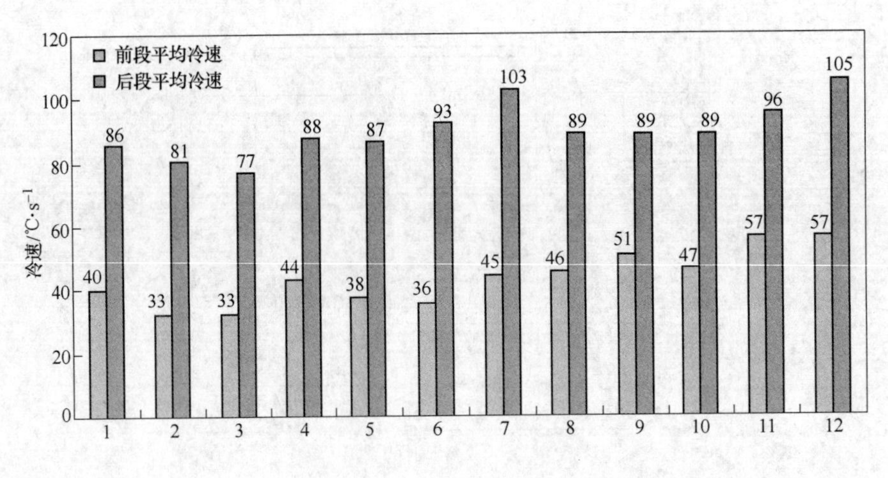

图 6-9 前后段平均冷却速度对比图

6.2.3 产品显微组织检测

金相实验采用 4% 的硝酸酒精和 Lepera 试剂进行腐蚀，见图 6-10。产品组织是非常清晰的多边形铁素体和弥散分布的马氏体组织。

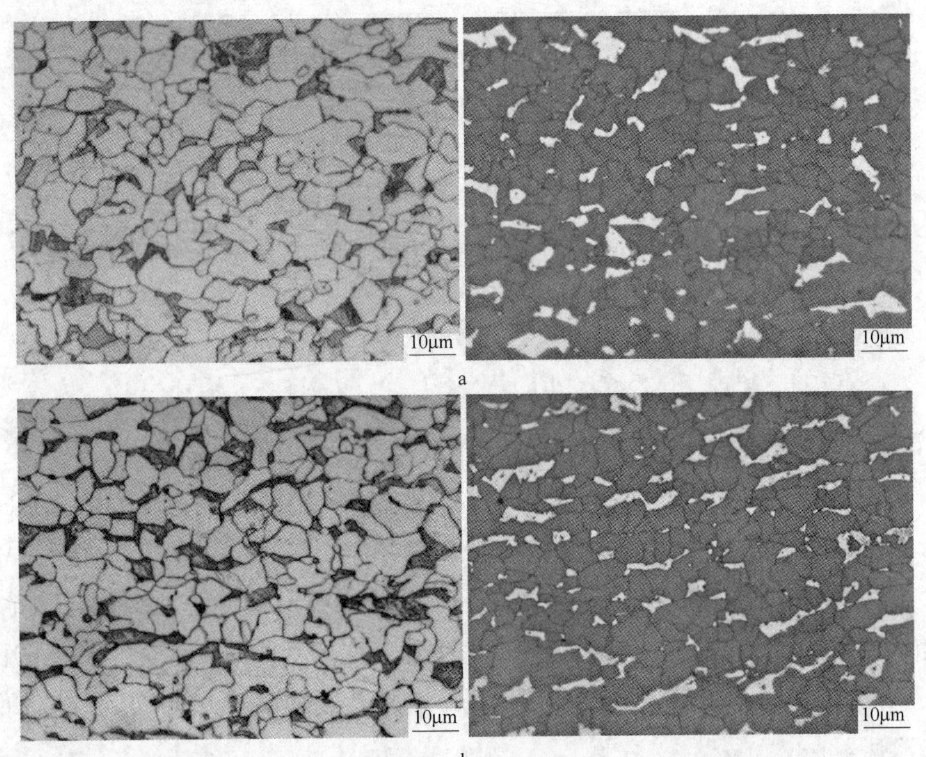

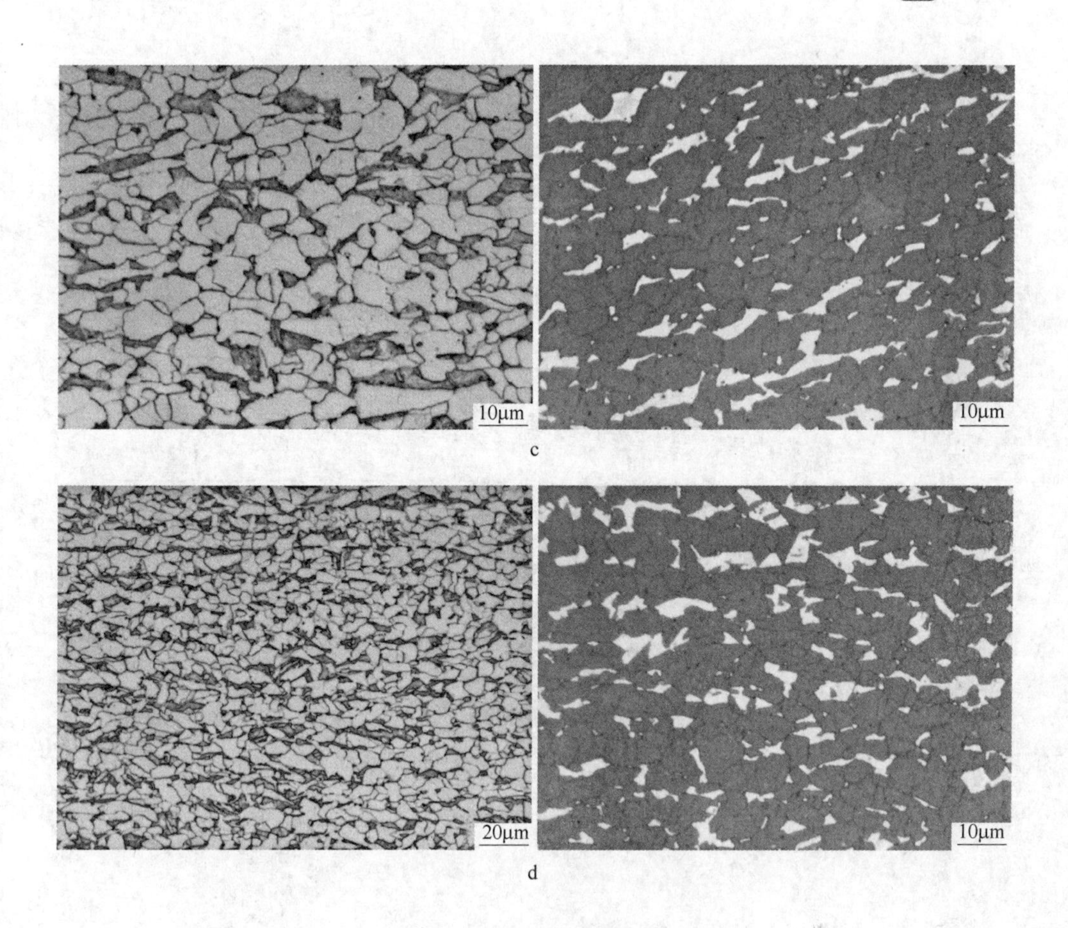

图 6-10 金相组织（硝酸酒精腐蚀 + Lepera）

a—试样 1；b—试样 2；c—试样 3；d—试样 4

6.2.4 产品力学性能检测

产品力学性能检测结果见表 6-6。拉伸曲线均为无屈服平台的光滑曲线，如图 6-11 所示。

表 6-6 力学性能检测结果

试 样	厚度/mm	屈服强度/MPa	抗拉强度/MPa	伸长率/%	屈强比	n 值
1	4	395	580	26	0.68	0.14
2	4	360	585	28	0.62	0.16
3	3.3	350	600	31	0.58	0.19
4	3	385	625	25	0.62	0.17

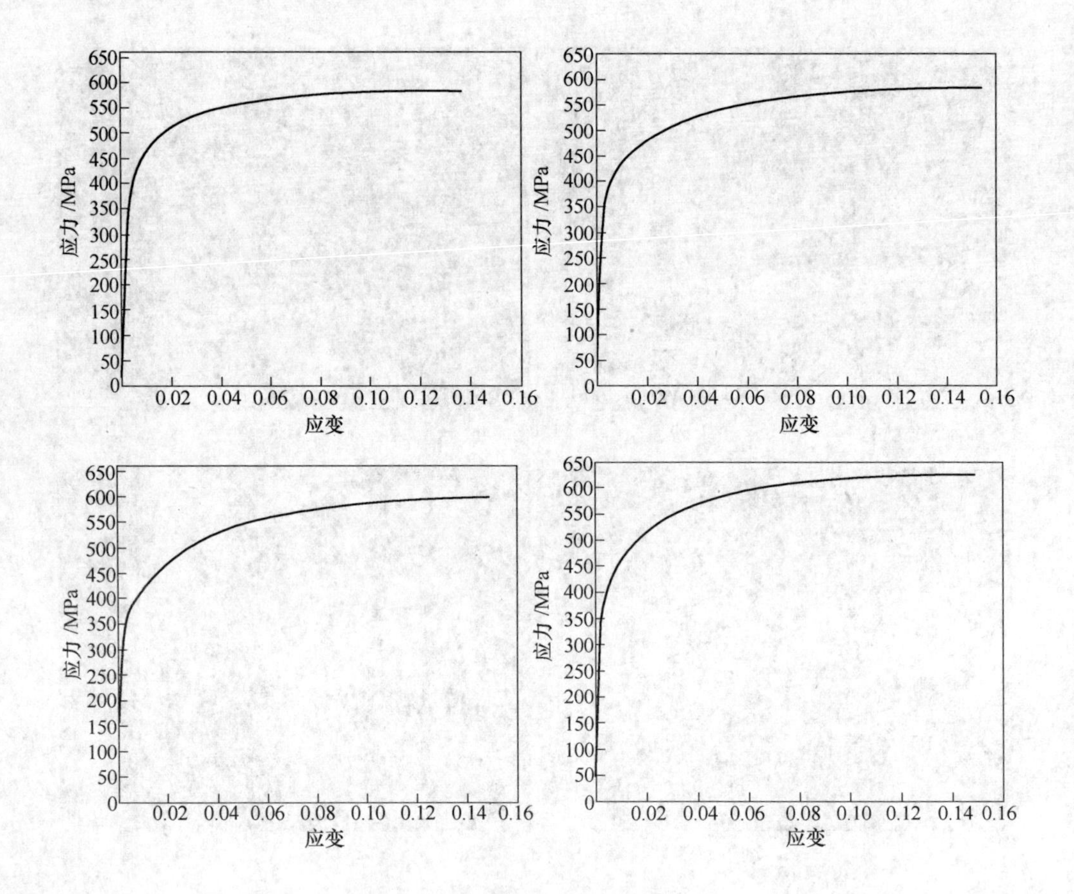

图 6-11 拉伸曲线（试样 1 ~ 试样 4）

6.3 生产工艺对热轧双相钢组织性能的影响因素分析

热轧双相钢生产工艺的关键点在于确定终轧温度、中间空冷温度、空冷时间、卷取温度和两段冷却速度。

空冷的目的是获得足够量的铁素体。考虑到轧制效率，应尽量缩短空冷时间。根据 Avrami 方程 $X = 1 - \exp(-bt^n)$，转变速度取决于参数 n 和 b。n 由化学成分和转变类型决定，近似常数。有文献表明，n 值在相变的开始和结束有明显的波动。b 值是温度、孕育期等的函数。当转变温度接近鼻温时，转变速度最快。因此中间空冷温度应尽可能在鼻温附近。

卷取温度应该低于 M_s 以确保残余奥氏体能完全转变成马氏体。M_s 随残余奥氏体中的碳含量增加而降低，残余奥氏体中的碳含量随铁素体含量增加而增加，也就是说，M_s 随生成的铁素体分数变化。碳含量越低，M_s 越高，越有利于卷取温度控制；但碳含量偏低则影响强度。

两段冷却速度应在设备能力允许的条件下尽可能快，以发挥细晶强化和相变强化作用。

6.3.1 终轧温度对组织性能的影响

实验钢的力学性能如图 6-12 与图 6-13 所示，可以发现，随着终轧温度的提高，屈服强度和抗拉强度均呈现降低趋势，伸长率则是先降低后基本保持

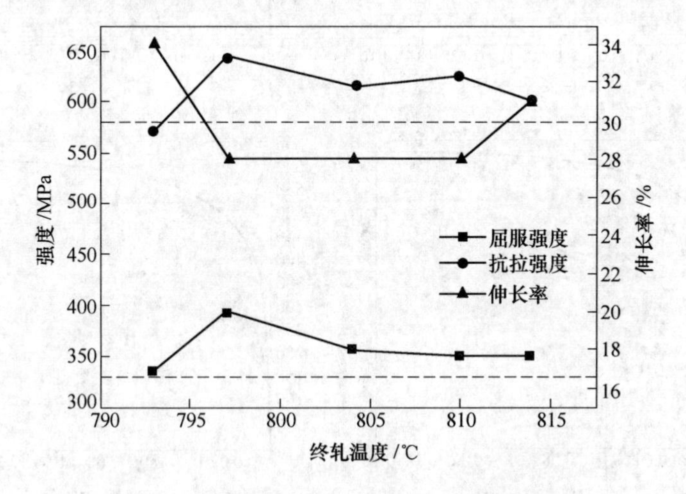

图 6-12 终轧温度对实验钢力学性能的影响

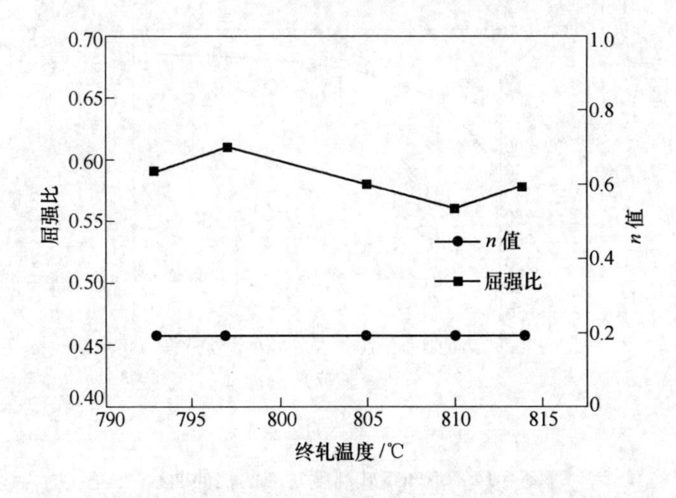

图 6-13 终轧温度对屈强比与 n 值的影响

不变，屈强比整体呈下降的趋势，n 值均为 0.19，保持不变。实验钢拉伸曲线如图 6-14 所示，拉伸曲线平滑，无屈服平台，为连续屈服。当终轧温度为

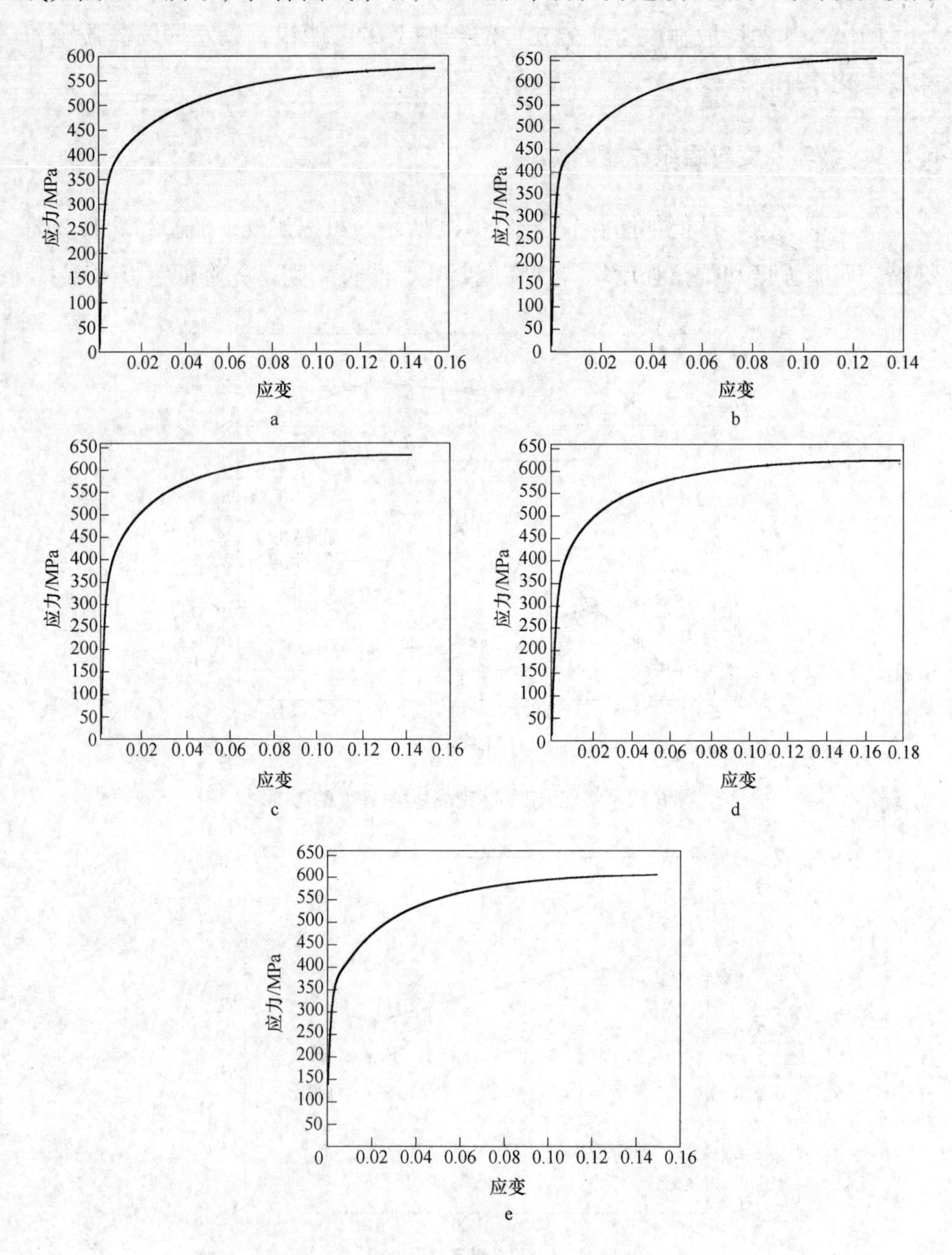

图 6-14 不同终轧温度对应的拉伸曲线

a—793℃；b—797℃；c—805℃；d—810℃；e—814℃

814℃时，屈服强度为350MPa，抗拉强度为600MPa，伸长率为31%，屈强比为0.583；当终轧温度为810℃时，屈服强度为350MPa，抗拉强度为625MPa，伸长率为28%，屈强比为0.56；当终轧温度为805℃时，屈服强度为355MPa，抗拉强度为615MPa，伸长率为28%，屈强比为0.577；当终轧温度为797℃时，屈服强度为395MPa，抗拉强度为645MPa，伸长率为28%，屈强比为0.61。当终轧温度由814℃降到797℃时，屈服强度提高了45MPa，抗拉强度提高了45MPa，而伸长率从31%降到了28%，整体来说强度提高比较明显而伸长率变化不大，在此工艺范围内，力学性能均符合DP580的标准要求。

针对终轧温度为793℃时力学性能降低的情况，结合钢厂实际工艺情况，分析发现，在出超快冷温度均为650℃，卷取温度均在220～270℃范围内，这些工艺变化不大的情况下，空冷时间的长短直接影响到力学性能的变化，当终轧温度在797～814℃范围内时，空冷时间为2.6～3.3s，而当终轧温度为793℃时，空冷时间达到了4.1s，空冷时间明显长于其他终轧温度对应的时间，当出超快冷温度为680℃时，空冷时间增长，则铁素体的析出量增加，马氏体析出量减少，从而强度下降、伸长率提高，参见图6-17。

为更好地研究终轧温度对力学性能变化的微观机理，对实验钢金相组织进行观察。图6-15与图6-16分别为实验钢在不同终轧温度下的室温组织经4%的硝酸酒精溶液和Lepera试剂腐蚀的金相图片。

由图6-15可知，在终轧温度为797～814℃时，均得到铁素体与马氏体的双相组织，当终轧温度为797℃时，铁素体呈现等轴状状态，马氏体分布弥散；当终轧温度大于805℃时，铁素体分布相对于终轧温度低的分布更为不均，马氏体出现了大块状。终轧温度越低，马氏体分布更为弥散。在图6-16中，白色组织为马氏体，组织中的马氏体出现了细小的岛状分布。

如图6-17所示，随着终轧温度的提高，铁素体晶粒尺寸逐渐增加，当终轧温度小于805℃时，铁素体的晶粒尺寸下降趋缓，下降幅度变小。当终轧温度为793℃时，铁素体体积分数达到了90%，晶粒尺寸为4.2μm，铁素体体积分数过高，导致了整个力学性能较低；当终轧温度为797℃时，铁素体体积分数为85%，晶粒尺寸为4.29μm；当终轧温度为805℃时，铁素体体积分数为85.5%，晶粒尺寸为4.54μm；当终轧温度为810℃时，铁素体体积分数为87%，晶粒尺寸为5.51μm；当终轧温度为814℃时，铁素体体积分数为

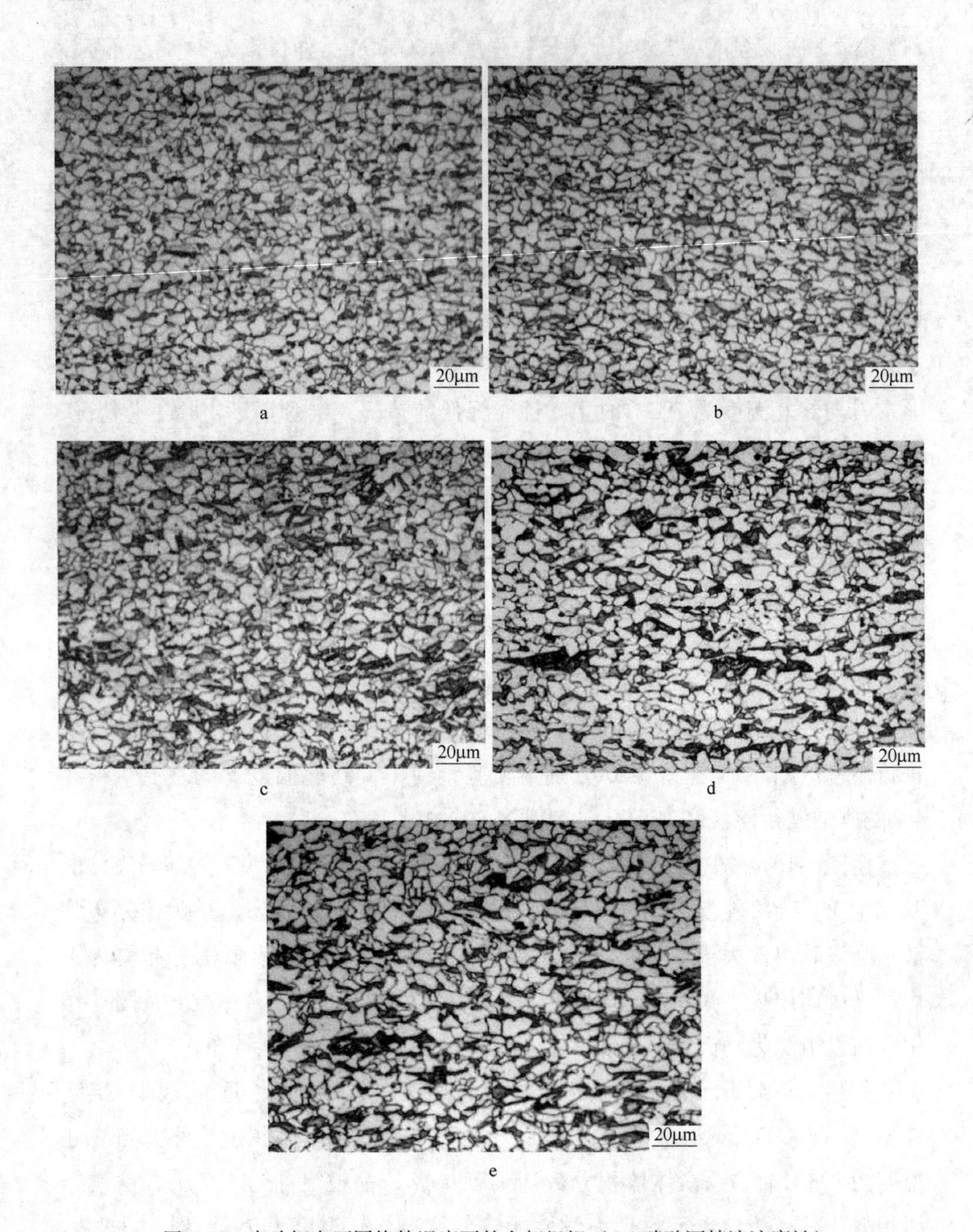

图 6-15 实验钢在不同终轧温度下的金相组织（4% 硝酸酒精溶液腐蚀）

a—793℃；b—797℃；c—805℃；d—810℃；e—814℃

88%，晶粒尺寸为 5.75μm。

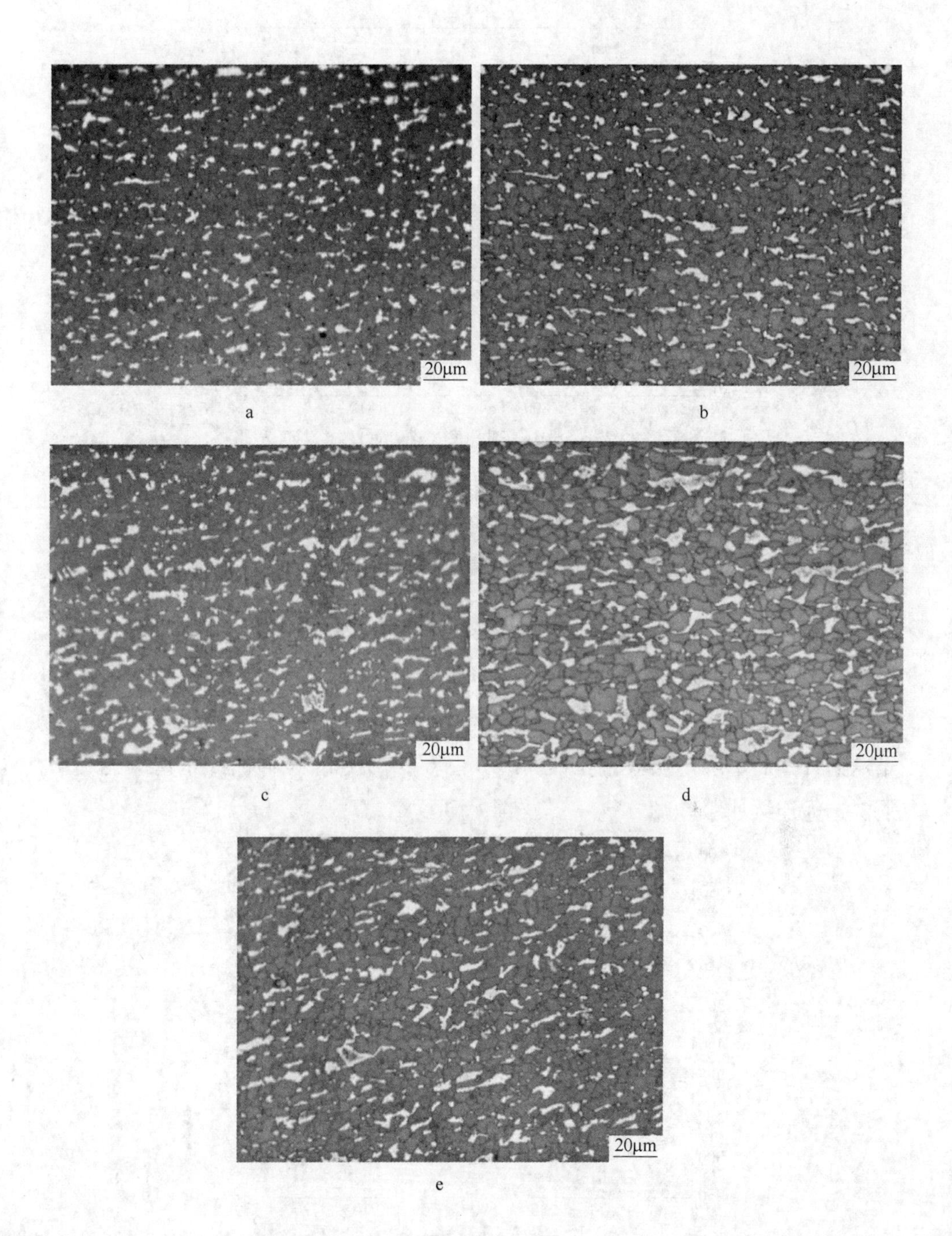

图 6-16　实验钢在不同终轧温度下的金相组织（Lepera 试剂腐蚀）

a—793℃；b—797℃；c—805℃；d—810℃；e—814℃

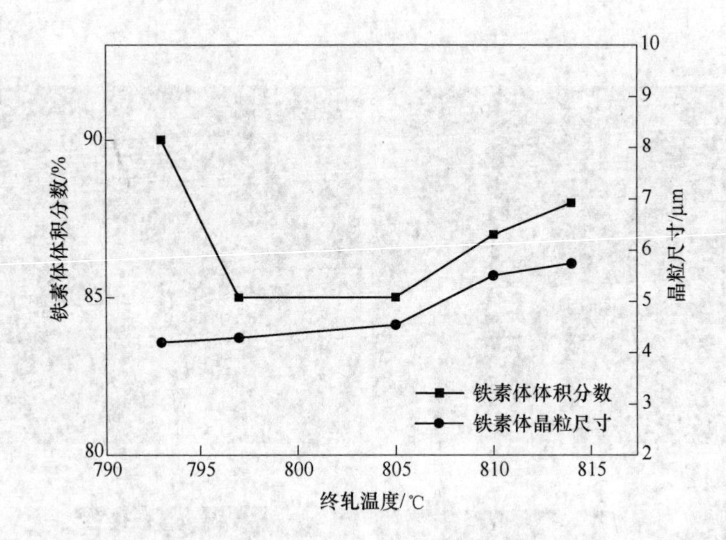

图 6-17 不同终轧温度下铁素体体积分数与铁素体晶粒尺寸

6.3.2 超快冷出口温度对组织性能的影响

实验钢的力学性能如图 6-18 与图 6-19 所示，从图中我们可以发现，随着超快冷出口温度的升高，屈服强度和抗拉强度呈现降低的一种趋势，伸长率则是沿着一种上升的趋势，屈强比先是下降然后上升，n 值则与屈强比相反先是上升然后下降。实验钢拉伸曲线如图 6-20 所示，拉伸曲线平滑，无屈服平台，为连续屈服。

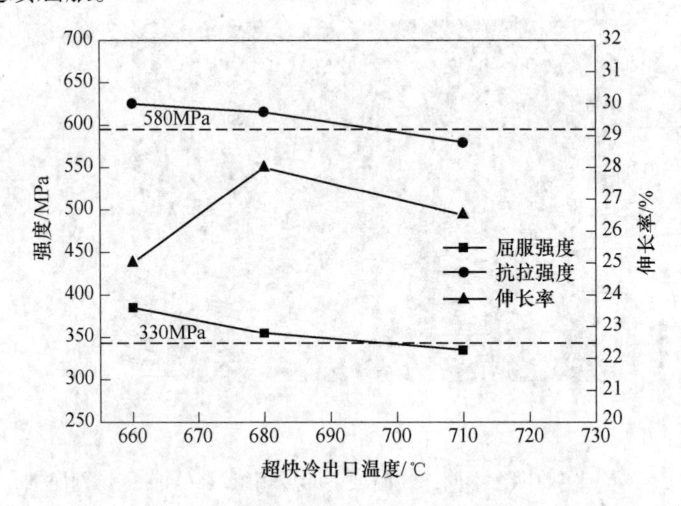

图 6-18 超快冷出口温度对力学性能的影响

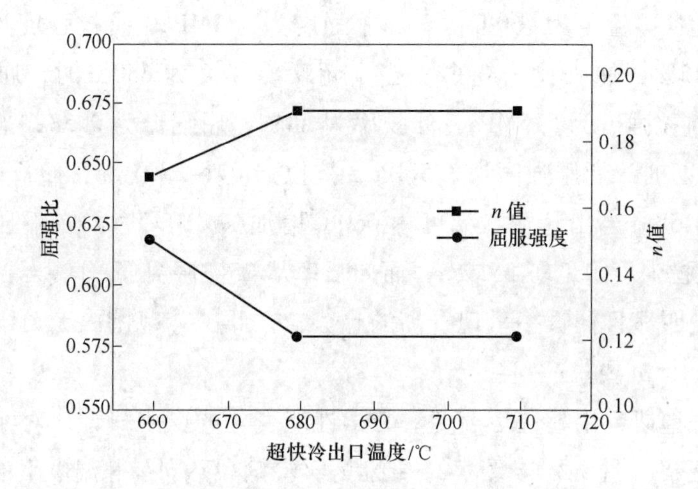

图 6-19 超快冷出口温度对 n 值和屈强比的影响

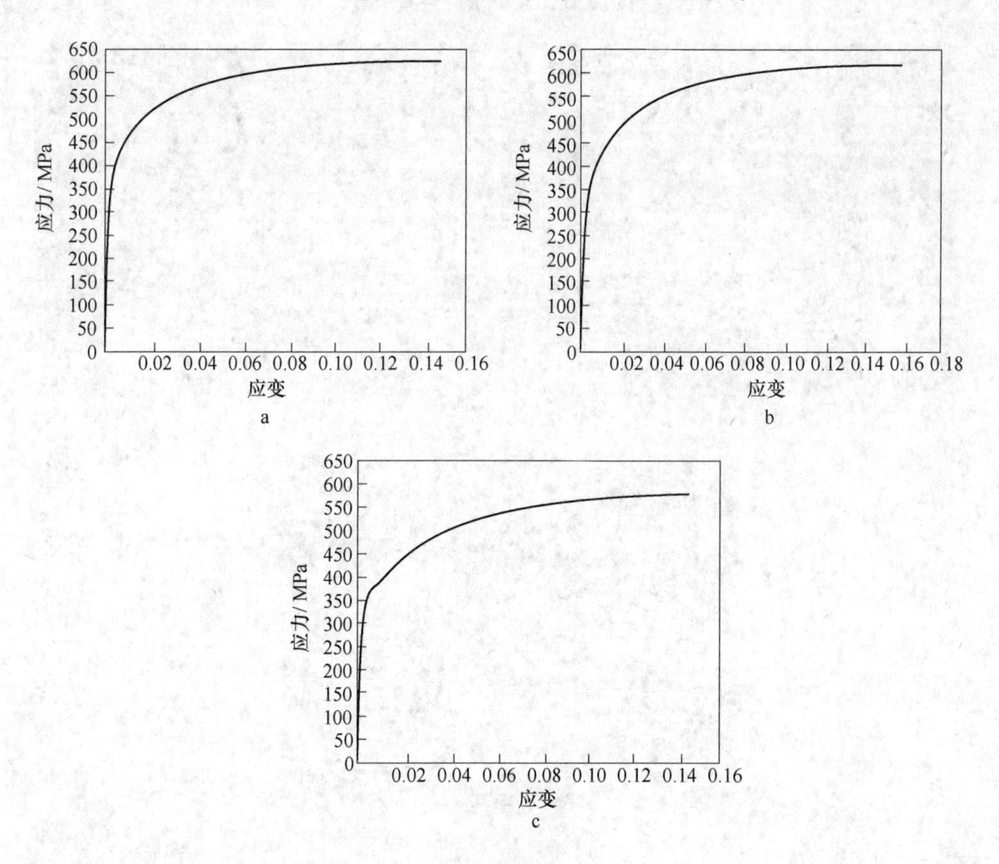

图 6-20 拉伸曲线

a—660℃；b—680℃；c—710℃

当出超快冷温度为660℃时，屈服强度为385MPa，抗拉强度为625MPa，伸长率为25%，屈强比为0.62；当出超快冷温度为680℃时，屈服强度为355MPa，抗拉强度为615MPa，伸长率为28%，屈强比为0.58；当出超快冷温度为710℃时，屈服强度为335MPa，抗拉强度为580MPa，伸长率为31%，屈强比为0.58。当出超快冷温度由660℃增加到710℃时，屈服强度降低了50MPa，抗拉强度降低了35MPa，而伸长率从25%降到了31%，整体来说强度降低比较明显且伸长率呈现升高的趋势，在此工艺范围内，力学性能均符合DP580的标准要求。

为更好地研究出超快冷温度对力学性能变化的微观机理，对实验钢金相组织进行观察，图6-21与图6-22分别为实验钢在不同终轧温度下的室温组织经4%的硝酸酒精溶液和Lepera试剂腐蚀的金相图片。

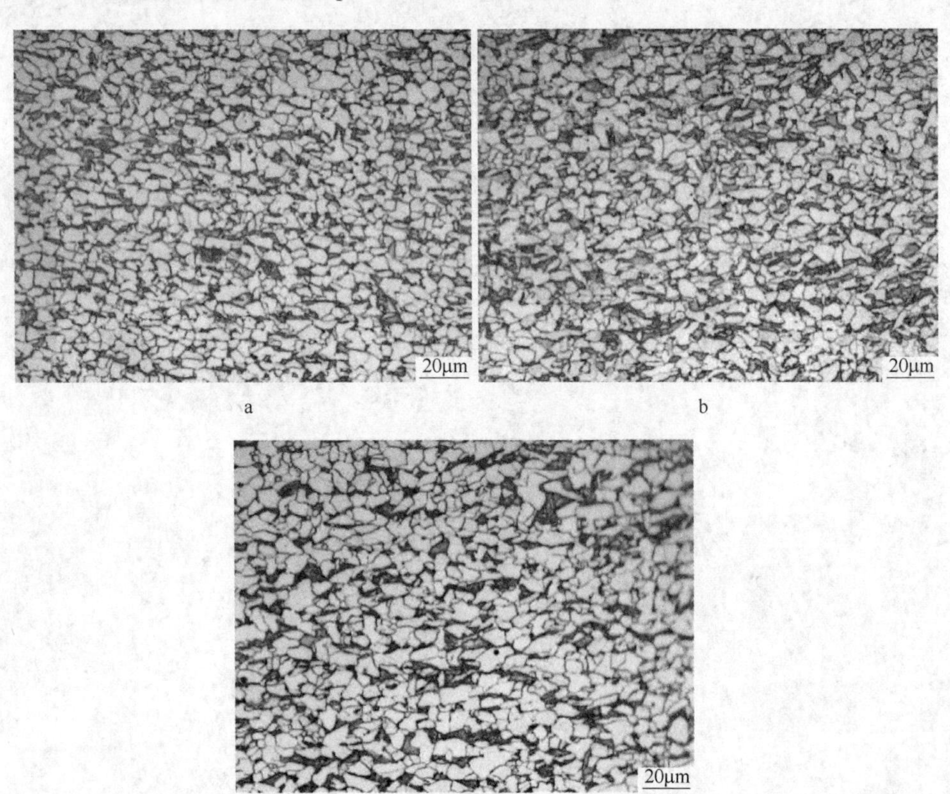

图6-21 实验钢在不同超快冷出口温度下的金相组织（4%硝酸酒精溶液腐蚀）

a—660℃；b—680℃；c—710℃

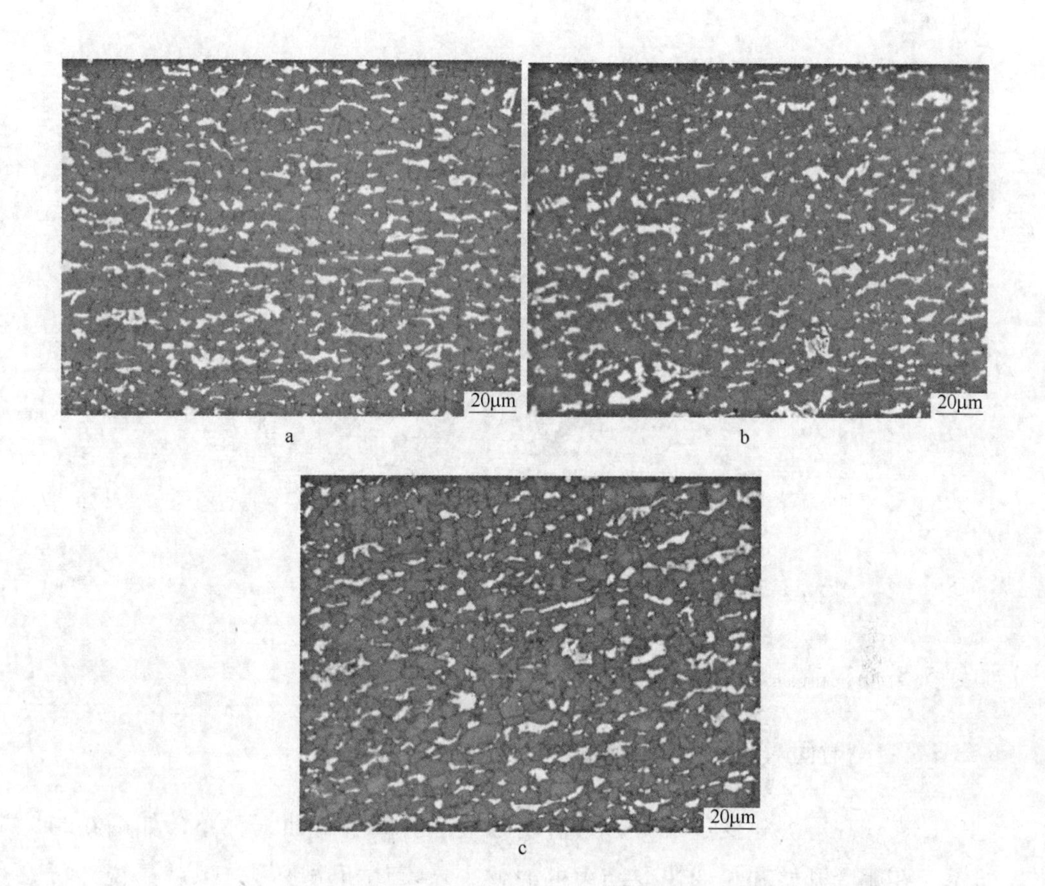

图 6-22 实验钢在不同超快冷出口温度下的金相组织（Lepera 试剂腐蚀）

a—660℃；b—680℃；c—710℃

由图 6-21 可知，在超快冷出口温度为 660 ~ 710℃时，均得到铁素体与马氏体的双相组织，当超快冷出口温度为 660℃时，铁素体呈现等轴状状态，马氏体分布弥散；当超快冷出口温度大于 710℃时，铁素体分布相对于超快冷出口温度低的分布更为不均，马氏体出现了大块状。在图 6-22 中，白色组织为马氏体。组织中的马氏体呈细小的岛状分布。

图 6-23 显示的是铁素体晶粒尺寸和伸长率随着超快冷出口温度变化的关系曲线，由图中可以发现，随着超快冷出口温度的提高，铁素体晶粒尺寸和铁素体体积分数逐渐增加。

当超快冷出口温度从 660℃增加到 680℃时，晶粒尺寸从 4.19μm 增加到 4.2μm；当超快冷出口温度由 680℃增加到 710℃时，晶粒尺寸由 4.25μm 增

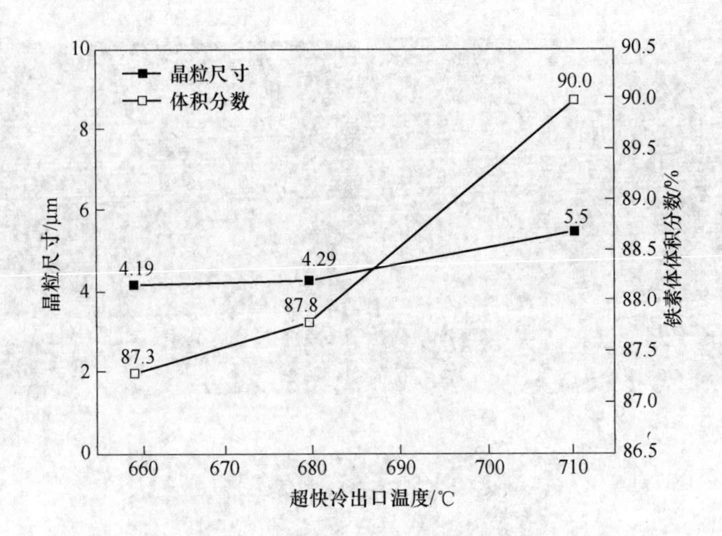

图 6-23 超快冷出口温度对晶粒尺寸和铁素体体积分数的影响

加到 5.5μm，晶粒尺寸显著增加。

6.3.3 空冷时间对组织性能的影响

铁素体在等温相变过程中，其析出分数与时间呈 S 曲线关系，如图 6-24 所示。在相变开始和相变快要结束的时候，铁素体析出变慢，也就是说，析出的铁素体相其中大部分是在短时间内发生的；当过了快速析出阶段，即使

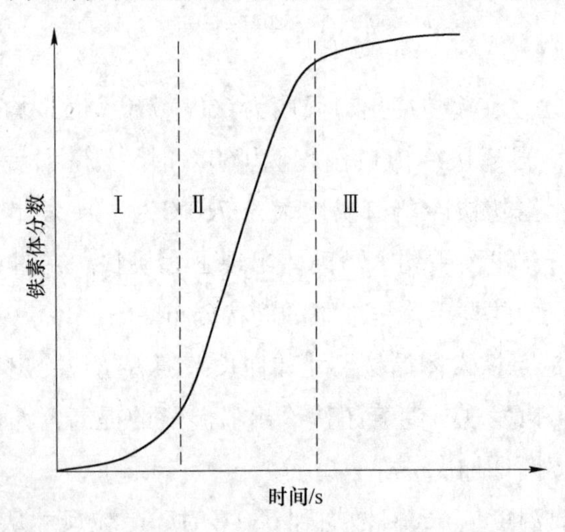

图 6-24 铁素体析出动力性示意图

再延长时间，析出量增加的也很少。

不考虑生成贝氏体组织的情况，对本次试验中得到的铁素体分数与空冷时间关系加以分析，如图 6-25 所示。随着空冷时间的增加，铁素体析出分数基本上在一定范围内变化，由此推断，在空冷时间大于 2.9s 时，铁素体相变已进入如图 6-24 所示的Ⅲ区。因此，对于该成分体系在工业生产控制上，中间空冷时间可以控制在 2.5s 左右。

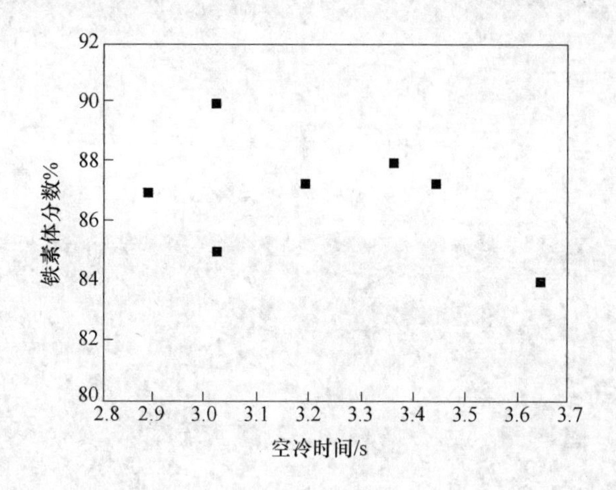

图 6-25　铁素体分数与空冷时间的关系

6.3.4　卷取温度对组织性能的影响

在双相钢热轧工艺中，卷取温度决定能否得到马氏体，因而卷取温度都设定在 M_s 点以下。

6.3.5　半无头轧制的优势

如图 6-26 所示，通过对比轧制参数和冷却过程温度参数可以发现，采用半无头轧制时两卷钢的中间温度过渡平稳，轧制速度与轧制厚度均保持稳定，减少了头、中、尾部温度精度较差的问题。

从图 6-27 我们可以看出，常规轧制情况下，头尾温度波动大，冷却不均匀，而采用半无头轧制时，在两卷衔接处有波动，但波动变化不大，对于整个钢板生产来说，相对效果较好。

根据图 6-28 所示，从整个板形情况来说，采用半无头轧制，在第二卷开

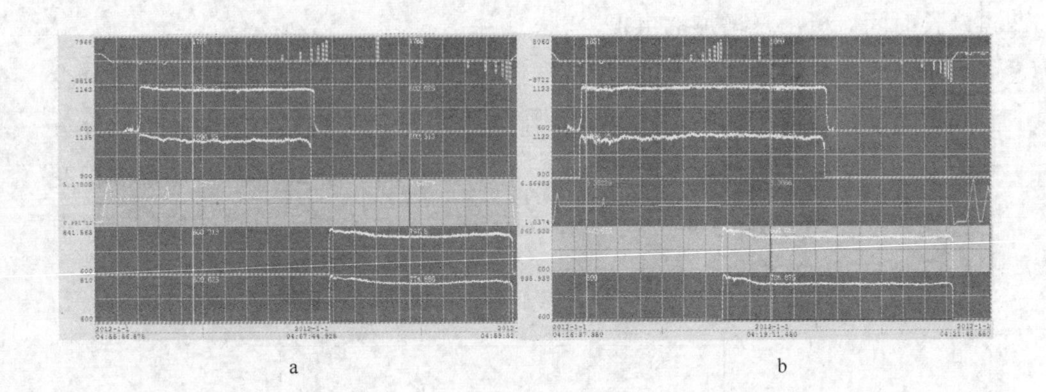

a b

图 6-26 轧制参数

a—常规轧制；b—半无头轧制

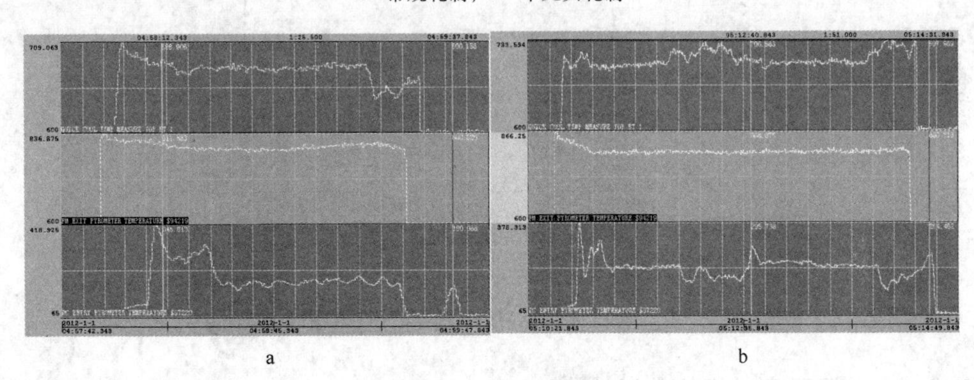

a b

图 6-27 冷却过程参数

a—常规轧制；b—半无头轧制

图 6-28 采用半无头轧制的钢板板形

头具有良好的板形，从而减少常规轧制过程中，卷头部分出现的边浪或其他板形不均匀的情况，半无头轧制的使用可以大大提高成品率。

6.4 热轧双相钢生产工艺的推广应用

近些年汽车的产量迅速增加，根据估算，2011～2015 年，我国每年专用车产量增幅将保持在 9% 左右；到 2015 年，我国专用车产品品种将达 7000 多种，行业产能将达到 350 万辆，接近发达国家水平。随着我国汽车工业的高速发展，对汽车的节能减排和可持续发展提出了更加严格的要求，从而对汽车减重的需求与日俱增，因而迫切需要开发高强度双相钢。

根据汽车市场的发展，双相钢有着巨大的需求市场。2010 年我国汽车产量为 1806 万辆，其中约 22% 为重载卡车。按轿车每车使用热轧 DP 钢 45kg、重载卡车每车使用 100kg 计算，则双相钢的年需求量为 100 万吨。然而国内热轧双相钢能够批量供货的仅有包钢和宝钢两家，年产量在 10 万吨以下。双相钢在汽车上的应用已经展现了可观的经济效益，但是与汽车厂的合作还有待钢铁厂去进一步拓展。

目前，国内汽车结构用热轧 DP 钢主要处于抗拉强度 510～610MPa 级别范围，宝钢能提供的最高强度级别为 DP780。近年来，东北大学轧制技术及连轧自动化国家重点实验在国内多家钢厂实现了低成本、高性能热轧双相钢的成功试制，具体如表 6-7 所示。应用所试制的双相钢 DP 钢制作成轮辐，疲劳次数 19 万次，满足要求，见图 6-29。回弹小，没有出现开裂、焊接性能不好等现象。根据市场对双相钢的需求以及生产技术的日渐成熟，热轧双相钢的生产将有更大的发展。

表 6-7 热轧双相钢生产工艺的工业推广

工艺特点	成分系统	推广现场	性 能
后置式超快冷	C-Mn	包钢 CSP 线	TS590MPa，YR0.70，A%28
普通层流冷却	C-Mn-Nb-Ti-Cr	本钢 1800 线	TS700MPa，YR0.65，A%22
前置式超快冷	C-Mn-Nb-Ti	涟钢 2250HSM	TS700MPa，YR0.68，A%23
前置式超快冷	C-Mn-Cr	涟钢 CSP 生产线	TS600MPa，YR0.63，A%25
密集层流冷却	C-Mn-Nb-Ti	唐钢 1700 线	TS700MPa，YR0.62，A%24
组合层流冷却	C-Mn-Nb-Ti	梅钢 1780 线	TS650MPa，YR0.65，A%25
组合层流冷却	C-Mn-Cr	梅钢 1780 线	TS620MPa，YR0.60，A%25

图 6-29 采用试制双相钢制造的车轮

6.5 本章小结

通过实验室实验研究和对现场试制结果进行分析，研究了热轧双相钢组织性能的影响因素，包括变形、合金元素、奥氏体尺寸对铁素体析出的影响规律；双相钢的强化机制；生产工艺参数对热轧双相钢组织性能的影响，如终轧温度、超快冷出口温度、空冷时间、卷取温度以及半无头轧制等因素。

（1）双相钢主要强化机制是相变强化、细晶强化以及析出强化。

（2）合金元素 Si 扩大 Fe-C 相图中的 $\alpha+\gamma$ 区，使两相区的温度范围加宽，即提高了奥氏体向铁素体转变温度，促进铁素体析出，尤其是在低冷却速度的情况下更为明显。

合金元素 Cr 是一种中强碳化物形成元素，能显著提高钢的淬透性，强烈推迟珠光体和贝氏体转变区域，扩大卷取窗口。

（3）铁素体晶粒尺寸相对于原奥氏体晶粒尺寸具有良好的继承性，即原始奥氏体晶粒尺寸越细小，相变后的铁素体晶粒尺寸也越趋于细小。

（4）随着终轧温度的提高，屈服强度和抗拉强度均呈现降低趋势，伸长率则是先降低后基本保持不变，屈强比整体呈下降的趋势。铁素体体积分数与铁素体晶粒尺寸随终轧温度的升高而增加。

（5）随着超快冷出口温度的升高，屈服强度和抗拉强度呈现降低的趋势，伸长率则是呈上升的趋势，屈强比先是下降然后上升。铁素体晶粒尺寸和铁素体分数随超快冷出口温度升高而增加。

（6）采用半无头轧制时两卷钢中间的温度过渡平稳，减少了头、尾、中部温度较差的问题，板形精度高。

7 结　论

本文利用热模拟实验对相变动力学曲线进行分析及优化，针对不同成分的实验钢进行相变行为研究并研究了先共析转变过程的主要影响因素。并结合超快冷技术在实验室制定出多种实验工艺，从而研究轧制工艺对力学性能的变化规律，制定出合理的试验工艺，同时针对现场具体工况开发出适应现场的生产工艺，并在国内多家钢厂得到推广应用。

（1）利用热模拟，通过优化处理可以得到相对应的相变动力学曲线。相变动力学曲线可以很好地反映出新相形成过程与新相形成速度，结合相变动力学曲线与热膨胀曲线，临界温度可以得到准确的确定。同时根据硬化指数 n 的变化，可以将先共析转变过程很好地描述出来，在新相形成过程中，尤其是先共析转变过程，优先析出的是棱边铁素体。

（2）元素 Si 和 Cr 的添加均使得 A_{c1}、A_{c3} 温度升高，同时降低 M_s 点，但是降低幅度很小。合金元素 Si 的添加在低的冷却速度下对铁素体相变温度提高近 30℃，提高效果明显，合金元素 Si 的添加有助于加快铁素体相变。同时合金元素 Cr 含量增加后，在冷速为 40℃/s 时，出现了马氏体组织。合金元素 Cr 的添加有助于马氏体的析出，同时起到一定的抑制贝氏体相变的作用。

（3）通过淬火实验与连续冷却转变实验并结合相变动力学曲线研究奥氏体晶粒尺寸对先共析转变过程的影响。奥氏体化温度越低，铁素体相变温度提高，铁素体更易析出，同时在未完全奥氏体化的情况下，后续相变过程中的铁素体始终大量存在。完全奥氏体化过程到奥氏体化程度较低的过程变化中，贝氏体的相变区域是增加，然而随区间的扩大体积分数是降低的，发生贝氏体转变的温度也是逐步降低，这说明碳含量的影响更为主要，而相变驱动力的影响相对来说要更为弱化。随着奥氏体化温度降低，珠光体相变与马氏体相变区间均得到扩大。

（4）在实验室进行热轧实验，探索化学成分、终轧温度和出超快冷温度对热轧双相钢的影响规律，将各热轧试验工艺与相应得到的微观组织性能进行对比分析，摸索出得到良好双相钢力学性能的热轧工艺。

（5）探索终轧温度、出超快冷温度和卷取温度对热轧双相钢的影响规律，因地制宜开发出适宜现场工况的生产工艺，并在国内多家钢厂完成双相钢的试制及批量生产，取得工业推广的成功。

参考文献

[1] 王天民．生态环境材料[M]．天津：天津大学出版社，2000.

[2] 唐文军，郑磊，王自强，等．宝钢1880mm热轧试生产DP600双相钢的组织性能[J]．宝钢技术，2010(2):45~48.

[3] 傅世枢．当代汽车用钢和超轻钢制汽车技术的开发[J]．汽车工艺与材料，2008(2):39~48.

[4] 刘伟燕，王书伟．轻量化技术在汽车车身上的应用[J]．汽车工程师，2011(2):50~54.

[5] 唐荻，米振莉，陈雨来．国外新型汽车用钢的技术要求及研究开发现状[J]．钢铁，2005,40(6):1~5.

[6] 符仁钰，许珞萍，陈洁，等．ST14双相钢钢板的组织与性能研究[J]．机械工程材料，2000，24(1):23~25.

[7] 黄群飞，何燕霖．高性能双相钢研究进展[J]．热处理技术与装备，2007，28(3):11~14.

[8] Iiana B Z, Hodgson P D. Characterization of the Bake-hardening behavior of transformation induced plasticity and Dual-phase steels using advanced analytical techniques[J]. ISIJ International, 2010, 50(4):574~582.

[9] Shunichi, Hashimoto. Effect of Niobium addition on Zn-coated 590 DP steel[J]. Iron and Steel, 2005, 40: 122~126.

[10] 董瑞峰，孙丽钢，刘哲，等．汽车结构用590MPa级热轧双相钢的开发[J]．轧钢，2008(1):9~12.

[11] 狄国标，陈连生，刘振宇，等．低成本热轧双相钢组长性能研究[J]．轧钢，2007,24(5):17~20.

[12] 马鸣图．双相钢+物理和力学冶金[M]．北京：冶金工业出版社，1988:12~40.

[13] 梅蓉俊．宝钢热轧汽车用钢生产现状及发展趋势[J]．轧钢，2004(4):27~29.

[14] 唐荻，江海涛，米振莉，等．国内冷轧汽车用钢的研发历史、现状及发展趋势先进汽车用钢[J]．鞍钢技术，2010(1):1~6.

[15] 张梅．汽车用双相钢钢板的发展[J]．热处理，2002(1):5~8.

[16] 党淑娥．双相钢的研究现状及应用前景[J]．金属材料研究，2002，28(3):10~14.

[17] 吴颖，冀伟，赵实鸣，等．高强韧双相钢的研究与开发应用前景[J]．江西冶金，1999,19(4):25~28.

[18] 杨海根，喻进安．热轧双相钢的轧制工艺研究[J]．金属世界，2009(1):46~50.

[19] 徐红怡．双相钢组织与性能的关系研究[J]．冶金丛刊，1997，1：12~15.

[20] 吴颖. 高强韧性双相钢的研究及开发应用前景[J]. 江西冶金，1999，19(4):25~28.

[21] 江海涛，康永林，王全礼，等. 高强度汽车板的烘烤硬化特性[J]. 钢铁研究，2006，34(1):54~57.

[22] 王有铭，等. 材料的控制轧制和控制冷却[M]. 北京：冶金工业出版社，1995.

[23] 王国栋，刘振宇. 新一代节约型高性能结构钢的研究现状与进展[J]. 中国材料进展，2011，30(12):12~17.

[24] 林惠国，傅代直. 钢的奥氏体转变曲线-原理、测试与应用[M]. 北京：机械工业出版社，1988.

[25] 董瑞峰，孙丽钢，刘哲，等. 汽车结构用590MPa级热轧双相钢的开发[J]. 轧钢，2008(1):9~12.

[26] 廖常柏. 降低平均线膨胀系数测量结果系统偏差的研究[J]. 湖南冶金，2001，4:24~27.

[27] 余永宁，刘国权. 体视学：组织定量分析的原理和应用[M]. 北京：冶金工业出版社，1989.

[28] 彼里西阿浦迪，孙惠林，马继会. 体视学和定量金相学[M]. 北京：机械工业出版社，1980.

[29] 张世中. 钢的过冷奥氏体转变曲线图集[M]. 北京：冶金工业出版社，1993.

[30] 王巍，孙晓光. 碳钢冷却过程热膨胀曲线的破译模型[C]//中国材料研究学会. 2002年材料科学与工程新进展. 北京：冶金工业出版社，2003：1489~1490.

[31] Johnson W A, Mehl K F. Reaction Kinetics in Processes of NueIeation and Growth[J]. Trans. Am. Inst. Mining Met Eng., 1939(135):416~442.

[32] Avrami M, Kinetics of of Phase Change. I. General Theory[J]. J. Chem. Phys., 1939(7):1103~1112.

[33] Avrami M. Kinetics of of Phase Change. 11. Transformation-time Relations for Random Distribution of Nuclei[J]. J. Chem. Phys., 1940(8):212~224.

[34] Avrami M. Kinetics of Phase Change. 3. Granulation, Phase Change and Microestructure[J]. J. Chem. Phys. 1941(9):177~184.

[35] 徐祖耀. 相变原理[M]. 北京：科学出版社，2000：412~419.

[36] Tamura I, Sekine H, Tanaka T, et al. Thermomechanical Processing of High-strength Low-alloy Steel[A]. London; Butterworth, 1988(6):90.

[37] 林惠国，傅代直. 钢的奥氏体转变曲线-原理、测试与应用[M]. 北京：机械工业出版社，1988：217.

[38] 林慧国，傅代直. 钢的奥氏体转变曲线[M]. 北京：机械工业出版社，1988：159.

[39] 崔忠圻．金属学与热处理[M]．北京：机械工业出版社，1986，270.

[40] 刘靖，赵辉，鹿守理．低碳钢组织-力学性能关系模型[J]．钢铁，2001，36(3):52～55.

[41] 黄杰，徐洲，邢新．微合金钢热变形奥氏体再结晶图及 Y 参数的应用[J]．热加工工艺，2003，3：12～14.

[42] Liu D S，Liu X H，Wang G D，et al. Mechanical stabilization of deformed austenite during continuous cooling transformation in a C-Mn-Cr-Ni-Mo plastic die steel[J]. Acta Metallurgica Sinica，1998，11(2):93～99.

[43] Serajzadeh S，Karimi Taheri A. A study on austenite decomposition during continuous cooling of alow carbon steel[J]. Materials and Design，2004，25：673～679.

[44] O. K. Lux. C，Purdy. R G. A study of the influence of Mn and Ni on the kinetics of the proeutectoid ferrite reaction in steels[J]. Acta mater，2000，48：2147.

[45] Aaronson H I，Spanos G，Masamura R A，et al. Sympathetic nucleation：an overview[J]. Materials Science and Engineering，1995，B32：107～123.

[46] Fan D L，Mi Z L，Li Z C，et al. Effect of heating temperture on the continuous cooling transformation and microstructure of TRIP steel[J]. Journal of University of Science and Technology Beijing，2011，33(4):434.

[47] Cui G B，Guo H，Yang S W，et al. Influence of interface between grain boundary ferrite and prior austenite on bainite transformation in a low carbon steel[J]. Acta Metallurgica Sinica，2009，45(6):680～686.

[48] 陈闪闪，赵爱民，李振．奥氏体化温度对 TRIP 钢连续冷却过程中组织转变的影响[J]．北京科技大学学报，2011：21～28.

[49] Cai Xiao Hui. Simulation der Auslaufrollgang beim Warmwalzen von DP Staehlen[M]. Aachen：Shaker Verlag，2008.

[50] Panda A K，Ray P K，Ganguly R I：Effect of thermomechanical treatment parameters on mechanical properties of duplex ferrite-martensite structure in dual phase steels[J]. Materials Science and Technology，2000，16：648～656.

[51] Wozniak J，Horeas S，Navrat V：Technological conditions for the production of dual phase ferrite-martensite steel strips by controlled rolling[J]. Archives of metallurgy，1988，1(33).

[52] Liu X H，She G F，Jiao J M，et al. An Ultra Fast Cooling System for the Product of Hot Flat Rolling[J]. Iron and Steel，2004，39(8):71～74.

[53] Wang G D，Liu X H，Sun L G，etc. Ultra fast cooling on baotou CSP line and development of 590 MPa grade C-Mn low-cost hot-rolled dual phase steel[J]. Iron and Steel，2008，43(3)：49～52.

[54] Liu Y C. Research on the structure-formation mechanics in the hot rolled C-Mn DP steel produced by using continuous cooling process [M]. Shenyang: Northeastern University, Diss., 2007.

[55] Militzer M, Hawbolt E B, Meadowcroft T R: Mictrostructural model for hot strip rolling of high-strength low-alloy steels[J]. Metall. Mater. Trans. A, 2000, 31A: 1247 ~ 1259.

[56] Hsu T Y, Trans. Acta Metallurgica Sinica[J]. 1980, 16: 430.

[57] Hsu T Y, Li Y. Thermodynamics of Materials[M]. Beijing: Science Publication, 2005.

[58] Bleck W. Werkstoffkunde Stahl für Studium und Praxis[M]. 2nd eds. Aachen: Verlag Mainz, 2004.

[59] Sinha A K. Ferrous Physical Metallurgy[M]. London: Butterworths Stoneham, 1989.

RAL · NEU 研究报告

（截至 2015 年）

No. 0001　大热输入焊接用钢组织控制技术研究与应用

No. 0002　850mm 不锈钢两级自动化控制系统研究与应用

No. 0003　1450mm 酸洗冷连轧机组自动化控制系统研究与应用

No. 0004　钢中微合金元素析出及组织性能控制

No. 0005　高品质电工钢的研究与开发

No. 0006　新一代 TMCP 技术在钢管热处理工艺与设备中的应用研究

No. 0007　真空制坯复合轧制技术与工艺

No. 0008　高强度低合金耐磨钢研制开发与工业化应用

No. 0009　热轧中厚板新一代 TMCP 技术研究与应用

No. 0010　中厚板连续热处理关键技术研究与应用

No. 0011　冷轧润滑系统设计理论及混合润滑机理研究

No. 0012　基于超快冷技术含 Nb 钢组织性能控制及应用

No. 0013　奥氏体-铁素体相变动力学研究

No. 0014　高合金材料热加工图及组织演变

No. 0015　中厚板平面形状控制模型研究与工业实践

No. 0016　轴承钢超快速冷却技术研究与开发

No. 0017　高品质电工钢薄带连铸制造理论与工艺技术研究

No. 0018　热轧双相钢先进生产工艺研究与开发

No. 0019　点焊冲击性能测试技术与设备

No. 0020　新一代 TMCP 条件下热轧钢材组织性能调控基本规律及典型应用

No. 0021　热轧板带钢新一代 TMCP 工艺与装备技术开发及应用

（2016 年待续）